直線と曲線
ハンディブック

V.グーテンマッヘル ＋ N.B.ヴァシーリエフ［著］
蟹江幸博 ＋ 佐波　学［訳］

共立出版

Translation from the English language edition:
Lines and curves—A Practical Geometry Handbook
by Victor Gutenmacher and N. B. Vasilyev
Copyright ©2004 Birkhäuser Boston
Birkhäuser Boston is a part of Springer Science+Business Media
All Rights Reserved.

推薦のことば

> 「ねえ，公爵さま，いかがでございます．ジェノヴァもルッカも，今やボナパルト一族の領地同然ではございませんか…」
>
> トルストイ『戦争と平和』第1章

　トルストイの叙事詩的小説は，人間の経験の核心を切り開くことから始まります．冒頭のモスクワ上流階級の夜会の場面で，登場人物たちを圧倒していくことになる当時の出来事が，彼らの意識に浸透し始める様子が描写されています．

　まさしくこのように，『直線と曲線』の著者たちは，読者を直接に数学的経験へと投げ入れてきます．始まるのは公理の集まりからでも，定義の一覧からでも，軌跡の概念の説明からでもありません．そうではなく，動いている梯子に座った猫という，単純ですが，現実的な議論がなされるのです．このことから，動点の軌跡に関する様々な問題が導かれます．読者は，知らぬ間に，新しい観点からみた綜合幾何の古典的な結果に導かれ（11 ページ），伝統的な綜合幾何による解答がここで与えられているものよりずっと複雑に感じられるような新しい問題（13 ページ）へと進み，さらには徐々に難しくなっていく数々の問題があります．

　第2章は，もう少し伝統的な始まり方をしているようです．新しい問題を解くための道具箱（アルファベット）が与えられ，それと一緒にこれらの道具を組み合わせる方法（論理的組合せ）と，道具を応用する新しい文脈（最大と最小）も与えられます．数学の構造が自然に解き明かされていき，読者の意識に，押し付けでなく，浸透していきます．

　これは扱う題材が簡単だということではなく，著者たちの技によって簡単なものになっているだけなのです．難解な問題もあります．ときには，やっかいな計算や取扱いの難しい式もあります．しかし，どういう場合でも，それ以前のページの結果を参照しながら注意深く考えていけば，より深い洞察，より一般的な結論，そして最後には非常に複雑な問題の解答が得られることになるのです．

　ゆっくり，そして自然に，数学の形式性が，その複雑さや効率性だけでなく，その有効性が納得されるようにして，浮かび上がっていきます．実際に，巧みな説明によって，形式化することが議論の結果を表現するもっとも直観的な方法のようだと

か，非形式的な解析がより深い理解に到達するために必要な一歩にすぎないようだとか思えるようになっています．レベル曲線の議論がこのことの例で，それより前の章のアルファベットが，平面上定義された関数の言葉で再定式化されます．読者は，「これは知っていたことだ！　でも，どう言ったらいいか，やっとわかった！！」という思いにとらわれるでしょう．

著者の手腕は，幅広い読者層に及んでいます．初心者は，猫や指輪に優しく魅せられ，標準的な数学課程の題材（円錐曲線の解析的定義，レベル曲線と関数，三角形の高等幾何）へ導かれていきます．経験ある読者は，著者が古典的な結果に関する新しい考え方を明らかにしていくにつれ，新しい見方で旧友に再会することになります．専門家は，旧友たちの間の新しい関係と，古典的な結果の新しい考え方を発見することでしょう．

そして同じ読者でも，これらの経験をどれも楽しむことができるでしょう．というのも，これは2回以上読むべき本であり，読者の進歩に応じ，読むたびに異なる風味が味わえる本だからです．親愛なる読者のみなさん，たとえ初めて読むのであろうと，n回目に読むのであろうと，私と同じように，楽しんで本書に親しんでください．

マーク・サウル (Mark Saul)
ブロンクスヴィル高等学校（退職）
ニューヨーク市立大学
ゲイトウエイ校

まえがき

　定義は，非常に重要なものです．数学のあらゆる分野で，定義こそ我々が始める場所を教えてくれるものだし，定義が適切であれば，そこから前進することが容易になります．念入りに考えられた定義は，難解な概念を明瞭で理解可能なものに変えてくれることも多いし，我々の直観を正確なものにしてもくれます．たとえば，直観的な円の概念も，固定点（中心）からの距離が等しい点の集合として定義すると，正確なものになります．このように，定義することで，図形は数学的な言葉に変換されるのです．人によっては，良い定義は芸術ですらあるのです．大数学者アレクサンドル・グロタンディエクは，かつて，こう書いています．

> 「12 歳の頃 … 私は円の定義を聞いた．その単純さと明白な真実性は，印象的だった．以前には，円の"完全な丸さ"という性質は，私にとって言葉を超越した神秘的な実在性をもつもののように思えていた．私が「良い」数学的定義の創造的な能力をはじめて把握したのは … まさにその瞬間だった．… そして，今日でも，このように強く私を魅了したものは，その力を何ら失っていないように思われる．」

　グロタンディエクの反応は，定義というものが「神秘的な」数学的アイデアをいかに単純化することができるかを強調するものです．本書でも出てきますが，同じ数学用語が異なる仕方で定義されることもあります．たとえば円は，ある代数方程式によっても，動点の軌跡としても定義することができます．倒れる梯子に座っている猫の軌跡について議論している序章の最初の問題に，円のこの 2 つの説明が出てきます．本書を通して，同じ幾何学的対象に対する複数の定義は極めて役に立つもので，最初から最後まで，適当な定義を選ぶことが本書の多くの問題を解く鍵になっています．

　本書『直線と曲線 ハンディブック』は，問題の集まりからなる複数の章に分かれています．各章は短い講義のように書かれており，例題には完全な解答がついています．本書で意を注いだのは，動点が描く曲線の幾何学的性質，与えられた幾何学的拘束条件を満たす点の軌跡，そして最大・最小値を求める問題です．繰り返し何度も，幾何学的な形状を，空間における静止図形としてではなく，点や曲線が**動いて**いるものとして考えることをします．読者のみなさんには，回転する直線，動く円，

点の軌跡といった文脈で問題を再定式化するという，この新しい照明のもとで幾何学を見ていただきたいのです．**実際，他の方法ではたいへん複雑になってしまう概念に対し，運動の言葉を使えば，直観的で直接的な証明を与えることができるようになります．**全部で 200 以上の問題があり，それらの問題が読者を，幾何学から現代数学の重要な分野へと誘います．こうした問題には初等的なものもあり，やっかいな問題もありますが，誰にとっても何か得るものがある筈です．多くの問題には，ヒントや解答も付録で与えられています．

本書は，Geometer's Sketchpad® のような，点の軌跡を求めたり作図したりするための対話型の教育用パッケージ・ソフトと併せて用いることもできます．学生は，解答を通して勉強するだけではなく，同時に，鉛筆と紙，あるいは，いろいろなコンピュータ・ツールを用いて，図を描くことができます．実際，本書は，鉛筆と紙を手にして読むことにこそ意味があるのです．**読者は，本書に掲載された図を見るだけでなく，自分なりに図を描いてみなければいけません．**読者のみなさんが，図を描き，仮説を立て，答に到達するという，我々が行った各段階に参加してくれること，一言でいうなら，我々が経験したアプローチに参加して欲しいと，思っているのです．この第 2 版では，各節の内容に沿って学生が楽しんでくれるいろいろな描画を取り入れました．これらの描画は，描画とアニメーションに関する新たに追加した最終章に，まとめて再掲しておきました．これらの描画こそが，幾何学研究における経験的な見地の重要性を証拠だてているのです．

本書全体を通して，少し特殊な記号を使っています．多くの章で何度も登場する猫は本書の主人公で，いわば本書全体の象徴です．（自然のままで，猫は完璧な幾何学者なのです．最適な位置をみつけるという問題 4.10 を考えてみてください．猫は毎日，そういう現実の問題を解いているのです．）疑問符 ❓ は，置かれている場所に応じて，「演習問題として解け」，「確かめよ」，「なぜ正しいのか考えよ」，「あなたにとって明白か？」などを表します．解答の始めと終わりを ▽ と △ で挟んであります．また，問題文の後の矢印 ➡ は，本書の後ろにある付録（ヒントと答）に解答があることを示しています．とくに難しい問題は，問題番号の肩に星印 (∗) を付けてあります．**読者は，すでに，ユークリッド幾何の基礎的事項には精通していると想定している**のですが，念のために，役に立つ幾何学的事実と公式を，付録 A, B にまとめておきました．最後の付録 C（12 通りの学習コース）では，本文の定理や概念を，明確化し拡張する助けとなるように，問題をいくつかの学習コースにまとめ直したものを追加してあります．

本書『直線と曲線 ハンディブック』は，I.M. ゲリファントの学際的な通信学校の，高校生向けの幾何の教科書が基になっていますが，その予備知識として基礎的な平面幾何と解析幾何を加えました．さらに，広範囲にわたる問題集と運動学に基

づく独特な手法によって，本書は，大学学部レベルの幾何学や古典力学の副読本として高い評価を得ています．

この新しく増改訂された英語版を，偉大なる友にして長年の同僚，共著者ニコライ・ヴァシーリエフに捧げます．彼は1998年に亡くなりました．彼と本書の執筆をしたことは，楽しい思い出になっています．

I. M. ゲリファント博士には，その助言のお蔭でロシア語初版が改善されたことに対して，深い感謝を捧げます．最初の原稿を読んでくれたI. M. ヤグロム，V. G. ボルチャンスキー，J. M. ラボットに，そして初版の図を作成してくれたT. I. クズネツォーヴァ，M. V. コレイチュク，V. B. ヤンキレフスキーにも謝意を表します．

この新版については，ジョゼフ・ラボット，ヴァリー・フュールツォイク，ポール・ゾンターク，ガリー・リトヴィン，マーガレット・リトヴィン，アンジャン・クンドゥ，ユーリー・イオニン，ターニャ・イオニン，エリザベス・リープスン，ヴィクトール・スタインボク，セルゲイ・ブラトゥス，イリヤ・バラン，マイケル・パノフ，エウゲーニア・ソボレフ，サニエーエフ・チャウハン，オリガ・イトキン，オリガ・モスカ，レーナ・モスコヴィッチ，フィリップ・ルイス，ユーリー・デュドコ，ピエール・ロチャクの皆さんに助けていただきました．グロタンディエクの引用句を（もとのフランス語から）英語に訳してくれたのは，ピエール・ロチャクでした．これらの方々の助けに対して感謝しているだけでなく，彼らを友人と呼べることこそ幸せです．

末筆ながら，Birkhäuser社[1]のスタッフ全員と，文章の改善に重要な寄与をしてくれた匿名の査読者に，お礼を述べさせていただきます．とくに，本書の編集に骨を折っていただき，初めから終わりまで素晴らしい提案をし続けてくれたアヴァンティ・アスリーナに感謝いたします．エリザベス・ローとジョン・シュピーゲルマンは本書制作上の大変な努力を，トム・グラッソとアン・コスタントはたゆまぬ支援と細部の検討をしてくれました．彼らの協力なしでは，本書が日の目を見ることはなかっただろうと思います．少なくとも，現在あるこの形では．

ヴィクトール・グーテンマッヘル (Victor Gutenmacher)
ボストン，マサチューセッツ

---

[1] ［訳註］英語版の出版社．

コーシカとともに

—— 訳者まえがきに代えて ——

　コーシカというのは子猫です．そして多分，雌でしょう．モスクワ大学の近くにツィルクという有名なサーカスがありますが，コーシカの飼い主はそのツィルクのピエロです．

　ある日，コーシカは何に驚いたか，壁に立てかけてあった梯子に駆け上がって，降りられなくなってしまいました．すると，梯子がゆっくりと床を滑り始めました．子猫のコーシカは動くことができません．梯子が滑っていくにつれ，コーシカのきらめく瞳は美しい曲線を描きました．

　その曲線を求めることから本書は始まっています．その他にも，ネズミが出入りする穴が3つ開いている壁の前で，コーシカはどこで待っているのが一番効率がいいかという問題があります（54ページ）．本を開いて，コーシカは考えていますね．皆さんも一緒に考えてください．

　観光バスの中から乗客に宮殿を見せたい運転手が，宮殿の正面をできるだけ大きく見せるには何処に停めたらいいのか（59ページ）とか，また，監獄島なのでしょうか，小さな島に強力な回転するサーチライトがあって，その明かりで見つからないようにモーターボートで島に行き着くにはどのように接近したらよいか（55ページ）といった，実際にも起こり得る（？）状況の中に現れる直線や曲線についての話題が，読者をぐんぐんとこの幾何の世界に引き込んでくれるでしょう．

　本書の素材は，長年モスクワ大学と通信教育の中で著者たちが扱ってきたものを基にしています．平面上に描かれる直線と曲線に関する応用上も重要な問題の多くは，微積分を使わずに解決することができるのです．ここには，そうしたもののほとんどすべてがあります．何でも書いてあるといってもいいくらいなのに，こんなにもコンパクトで，まさにハンディブックと呼ぶべきものになっています．

　しかし，知識を羅列しただけのものにはなっていません．著者たちの長年の経験から生み出されたものだからでしょう．緩急があり，メリハリが効いていて，たとえて言えば，ツィルクでのピエロの演目のようなある種のエンタテインメント風味があって，随所に彼らの「芸」が感じられます．時間がたっぷりあれば，著者たちの案内してくれる順序どおりに読み進んでいくのがよいでしょう．いつの間にか，深

く豊かで，しかも透明感のある光の中で直線と曲線の世界に親しむことができるでしょう．

時間があまりないとか，ほとんどのことは知っているから，知らないことだけを知りたいのだという方にも，ちゃんと気配りがされています．付録Cには12通りもの学習コースが用意されていて，どれでも好きなコースで学ぶことができます．また，時間ができたときに，違うコースで勉強することにしてください．

こんな学習法は，ユークリッド幾何の伝統的なカリキュラムでは不可能なことでした．ユークリッドの『原論』に代表される多くの幾何学の教科書では，定義があって，公理があり，そして厳密な三段論法を駆使して次々と命題を証明していき，いわば大建築物を造るように組み立てられています．1本の釘を抜くことで建物が崩れることのあるように，1つの定理・命題も疎かにはできません．ですから，それ以前のことを理解していない限り，途中から読み始めることができないのです．知りたいことや思い出したいことがあっても，どこにその説明があるのか，その場所を探し出すことすら易しいことではありません．また，探し出せたとしても，その事実が成り立つ根拠をはっきり理解するのは容易ではありません．

しかし本書は違います．すべてが問題とその解法という，比較的独立な，言うならばモジュールの集まりになっているのです．だから，さまざまに組み替えることもでき，付録Cに挙げられている12通りのコース以外にも，目的に応じたコースを考えることができるでしょう．

もちろん，数学ですから，前提があって結論があるという，論理的な構造も持っています．その土台となるのが，（第2章の）アルファベットです．それは普通のアルファベットが文章の構成単位であるように，幾何学という建築物を組み立てるためのブロックや，グラフィックスを構成する基本要素といった，実際に使うことのできる道具・素材になっています．著者たちはそれらを駆使して，直線や曲線が住む自然の探究という精神で幾何を取り扱っており，だから，それらの図形たちが生き生きと動き回るのです．

どうしても必要な予備知識と言えば，日本の中学校卒業程度のものがあれば十分で，いわば常識さえあればよいのです．もちろんそれ以上の知識があっても困ることはありませんが，自分で考えることが何より大切なことであり，考えれば考えただけの深さと豊かさを本書は示してくれることでしょう．

本書が構想されていた頃のモスクワ大学は，世界最先端の純粋数学の教育・研究の場であると同時に，こうした具体的な理学・工学的応用に役立つ形での数学が提供されていたのです．そこにはゆったりと数学の悠久の時が流れています．せわしなくすら感じられる日本のカリキュラムからは落ちこぼれがちな内容ですが，コンピュータの発達により，グラフィックスやアニメーションの重要性が増しており，

それらにも必要不可欠な知識と技能が本書にはたくさん盛り込まれています．

　ハンディブックとして簡単に知りたいことを探すことを目的として使うこともできるし，ゆったりと数学の文化的サロンに身を浸すのもまた素晴らしいことです．

　ここで，少しだけ個人的な感興を述べさせていただこうと思います．これまでにも幾つかの本と関わってきましたが，本には命というか，幸と不幸とがあると，感じることがあります．本が作られ世に出るときには，著者の思いと編集者の思いと読者の思いが交錯します．ときには，作り手の論理と受け手の論理とのすれ違いも起こります．企画したときに想定した読者に受け入れられず，初版だけで絶版になってしまう不幸な本もあれば，思いがけない読者に支持され，数十年も再版され続ける幸せな本もあります．よい本だからといって，多くの読者に受け入れられるとは限りません．

　しかし，このコーシカブック（そう呼んでください）は不幸にはならないという予感がします．コーシカブックには運がある．そう感じるのです．

　訳者は数年前から，とくにモスクワ独立大学(MIU)に代表されるロシアの新しい数学啓蒙の動きを日本に紹介しようというプロジェクトを企画してきました．その中間的な会議が2004年の秋の日本数学会の会合の際に持たれました．北海道大学でのことでした．当時MIUのスタッフでもあったプロジェクトのあるメンバーが，MIUの出版局から出版企画のための見本を数冊預かってきていて，その中に本書があったのです．訳者は一目で気に入ってしまいましたが，出版できたとしても，それは先のことだろうと思っていました．

　その翌日に不思議なことが起きたのです．学会が開催されると，その都度，海外の数学書の取り次ぎ会社のブースが会場の一角にでき，2つか3つくらいの教室が数学の本で一杯になります．学会のときには，そこで新しい海外の数学書を眺めるのが，訳者の楽しみの1つになっています．その日も書店のブースに入っていくと，旧知のある編集者がなぜか一心にある1冊の英語の本を見ているのに気づきました．面白いのかなあ，とその本を覗きこんでびっくりしました．なんと，昨日見た本書の英語版だったのです！　同じ本であることは，中の図を見ればすぐに分かります．「その本，興味ありますか？」ふっと目を上げた彼は「こりゃあ，面白い本ですな」と，本に目を戻しながら呟きました．そこで前日入手していたロシア語の原本を見せて，「そうでしょう．こういう本は生ものだから，早く出してやらなきゃいけませんよね，…，で，興味ありますか？」

　そのことが切っ掛けで，この本は生まれました．本の中からコーシカが「僕はこの国に住みたい！」と言っているような気がしたものです．コーシカの幸せは，ほとんど同時に，訳者と編集者の目に留まったことです．もし，ブースでのこの日の

出逢いがなければ，コーシカはまだまだ眠っていたかもしれません．表紙のデザイン，本の装丁，本文中の図の描き直しなど，訳者がこれまで経験したことのない熱心さで，その編集者は動いてくれました．コーシカの幸せというものです．

　この文章を読んでいる貴方は，表紙のコーシカに惹かれて手に取ったのでしょうか？　それは読者の幸せというものです．世の中にはたくさんの本がありますが，いい本にはなかなか巡りあうことはできません．コーシカに出会ったこと，それが貴方の幸せです．この本が滅多にないほどいい本であると，著者も訳者も編集者も思っています．この本は何通りにも楽しめ，何通りもの喜びを与えてくれるはずです．しかし，多くの読者に手にして貰って，初めて本は本となり，コーシカブックの幸せも完成します．

　最後に，本書のロシア語原本と英語版との関係に触れておきましょう．ロシア語の原本は1978年に初版が出版され，以来版を重ね，2004年には第5版が出ています．英語版は，ヴァシーリエフが亡くなった後，既にアメリカにいたグーテンマッヘルによって，2004年にBirkhäuser社から出版されたものです．またこれは，1980年にロシアで出版された英訳本を底本にしています（残念ながらこれには誤訳が含まれており，それは英語版でも引きずっているようです）．大きな違いは，英語の読者のために第8章が追加されたことですが，それ以外にも，叙述や問題，それに図においても数箇所の異同があります．翻訳権の問題から，日本語訳では英語版を底本にしましたが，異同のあるところでは，日本の読者にとって読みやすくすることと，情報量が多くなるようにということを念頭に，処理することにしました．

　7章までの内容と8章とでは，テイストに際立った違いが見られます．2人の著者の個性でもあったでしょうが，ロシアとアメリカの（読者）環境の差も大きいようです．ロシアでは（モスクワではと言うべきかもしれませんが）本書の内容のすべてが数学の枠内のものと考えられているのに対して，アメリカではむしろ工学・IT関連の応用のための知識と見られているのでしょうか．日本での教育・研究環境はアメリカに近いものがあります．本書の本当の良さというものは，日本ではもしかすると理解されにくいかもしれません．しかし，日本でも，常に応用を重視する姿勢を持ちながら，豊かで広く高い視野を持った数学の教育・研究環境が培われるようになって欲しいものです．そのために本書が少しでも役に立ってくれることを，コーシカもまた願っていることでしょう．

2006年6月　桑名にて
蟹江幸博

目　次

推薦のことば i
まえがき iii
コーシカとともに vii
記　号 xiv

序　章 1
　　導入問題 1
　　コペルニクスの定理 4

第 1 章　点集合 7
　1.1　直線族と運動 11
　1.2　作図問題 12
　1.3　追加問題 15

第 2 章　アルファベット 19
　2.1　円と，円弧の対 21
　2.2　距離の 2 乗 24
　2.3　直線からの距離 30
　2.4　アルファベットの全体 34

第 3 章　論理的組合せ 37
　3.1　1 点を通る 37
　3.2　共通部分と和集合 42
　3.3　チーズの問題 47

第 4 章　最大と最小 51
　4.1　どこに点を置くべきか？ 54
　4.2　モーターボートの問題 55

第 5 章　レベル曲線 59
　5.1　バスの問題 59
　5.2　平面上の関数 61
　5.3　レベル曲線 61

5.4　関数のグラフ..................................... 62
　5.5　関数の地図..................................... 66
　5.6　境界線... 66
　5.7　関数の極値..................................... 68

第6章　2次曲線　　　　　　　　　　　　　　　　　　　71
　6.1　楕円，双曲線，放物線........................... 71
　6.2　焦点と接線..................................... 75
　6.3　放物線の焦点性................................. 77
　6.4　直線族の包絡線としての曲線..................... 82
　6.5　曲線の方程式................................... 83
　6.6　平方根の消去................................... 86
　6.7　最後のアルファベット........................... 87
　6.8　代数曲線....................................... 93

第7章　回転と軌跡　　　　　　　　　　　　　　　　　　95
　7.1　カージオイド................................... 96
　7.2　回転の合成..................................... 97
　7.3　2つの円の定理................................. 105
　7.4　速度と接線.................................... 107
　7.5　パラメータ方程式.............................. 112

第8章　描画，アニメーション，魔法の三角形　　　　　117
　8.1　直線の族の包絡線.............................. 119
　8.2　魔法の三角形.................................. 121
　8.3　円周上の小さな指輪............................ 122
　8.4　円周上の2人の歩行者とシュタイナーのデルトイド.. 122
　8.5　3点は3つの対称円をどのように動くか........... 124
　8.6　ウォレス-シムソン線........................... 125
　8.7　9点円.. 126
　8.8　ウォレス-シムソン線の回転とフォイエルバッハ円.. 127
　8.9　シュタイナーの三角形とモーレーの三角形........ 128

ヒントと答　　　　　　　　　　　　　　　　　　　　131

付録A　解析幾何（基本公式）　　　　　　　　　　　141

付録B　学校幾何から　　　　　　　　　　　　　　　143
　B.1　線分の比例.................................... 143

B.2	距離と垂線	145
B.3	円	147
B.4	三角形	150

付録C　12通りの学習コース　153

C.1	「文字」の名前	153
C.2	変換と作図	154
C.3	直線を回転する	154
C.4	直線と線形関係	155
C.5	接触の原理（条件付き極値）	156
C.6	分割	156
C.7	楕円，双曲線，放物線	157
C.8	包絡線，無限個の合併集合	157
C.9	サイクロイドの接線	158
C.10	曲線の方程式	158
C.11	幾何学実習	159
C.12	ちょっとした研究	161

グーテンマッヘルについて　163

ヴァシーリエフについて　165

索　引　167

記　号

$|AB| = \rho(A, B)$　　　線分 AB の長さ（点 A と B の間の距離）

$\rho(A, \ell)$　　　　　　点 A から直線 ℓ への距離

$\angle ABC$　　　　　　角 ABC の値（度 もしくは ラディアンで）

$\overset{\frown}{AB}$　　　　　　端点 A と B をもつ円弧

$\triangle ABC$　　　　　　三角形 ABC

S_{ABC}　　　　　　三角形 ABC の面積

$\{M : f(M) = c\}$　　　条件 $f(M) = c$ を満たす点 M の集合

序　章

導入問題

問題 0.1　壁に立てかけられ，滑らかな床の上に立っている梯子が，床面に滑り落ちてくる．梯子の真ん中に座っている猫は，どんな曲線に沿って動くか？

猫は落ち着いて，じっと座っているとします．この絵画的な状況の背後に，次のような数学的な問題がみてとれます．

問題　直角が与えられたとする[1]．長さが d で，端点がこの直角の2つの辺上にあるような，すべての線分の中点を求めよ[2]．

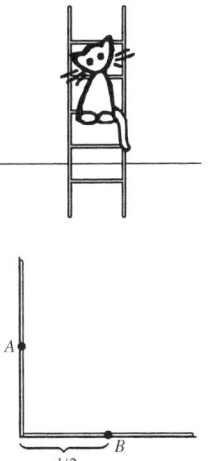

この集合がどんな種類のものになるか，予想してみましょう．端点が直角の2辺に沿って滑るにつれ，線分は回転していきますから，線分の中心が何かある曲線の一部をなすことは明らかでしょう．（これは問題を最初に述べた形からも明らかです．）まず，この曲線の端点がどこにあるかを決定しましょう．この端点は，線分が垂直もしくは水平にな

---
[1]　[訳註] 頂角が直角をなす2つの半直線を考えるということ．図を参照．
[2]　[訳註] そのような中点の集合（軌跡）を調べよ，ということ．

る，極端な場合に対応しています．このことは，この曲線の端点 A と B が，直角の 2 辺上で，頂点からの距離が $d/2$ のところにあることを意味しています．

この曲線上，途中にある点をいくつかプロットしてみましょう．十分精確にプロットすれば，すべての点が与えられた角の頂点 O から等距離にあることがわかります．つまり，次のようにいえます．

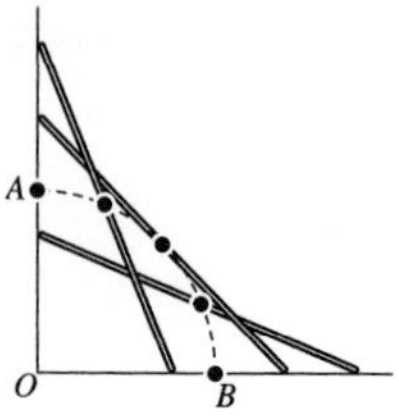

求める曲線は，中心が O で半径が $d/2$ の円弧である．

これは証明しなければならないことです．

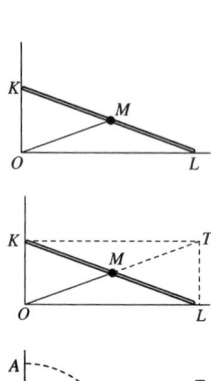

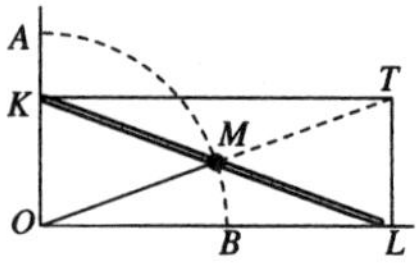

▽ 最初に，与えられた線分 KL（ただし，$|KL| = d$ とする）の中点 M が，常に，点 O から距離 $d/2$ の位置にあることを証明しましょう．これは，直角三角形 KOL の中線 OM の長さは斜辺 KL の長さの半分に等しい，という事実から従います．（この事実が成り立つことは，$\triangle KOL$ を拡張して長方形 $KOLT$ を作ると，長方形の対角線 KL と OT が同じ長さで，交点 M によって二等分されることから簡単にわかります．）

こうして，線分 KL の中点が，常に O を中心とする円弧 $\overparen{AB}$ の上にあることが証明されました．この円弧が，求めていた点の集合です．

厳密にいえば，弧 $\overparen{AB}$ 上の任意の点 M がこの未知の集合に含まれていることも，証明しなければなりません．これをするのは簡単なことです．弧 $\overparen{AB}$ 上の任意の点 M を通って半直線 OM を引き，その半直線上に，$|MT| = |OM|$ となるよう線分 MT を切り取ります．点 T から直角の両辺へ垂線 TL と TK を下ろせば，M が中点であるような求める線分 KL が作図されます． △

証明の後半部分は，必要がないようにみえるかもしれません．線分 KL の中点が，A と B を端点とする「連続曲線」を描くことはとても明らかなことです．このことは，中点 M が弧 $\overparen{AB}$ の一部分だけを通ることはなく，その全体を通ることを意味しています．こういう分析は完璧に納得のできるものですが，数学的に厳密に記述することは容易ではありません．

今度は,(問題 **0.1** の)梯子の運動を,違う観点から考えてみましょう.(「梯子」の)線分 KL が固定されていて,(「壁」と「床」の)直線 KO と LO が,点 K と L のまわりを,常に交角を直角に保ったまま回転していると考えてみましょう.線分の中心から直角の頂点 O までの距離が常に一定に保たれているという事実は,実際のところ,**平面上に 2 点 K と L が与えられたとき,$\angle KOL$ が 90°に等しい点 O の集合は KL を直径とする円をなす**という有名な定理に帰着されます.この定理とその一般化(第 2 章の 22 ページの命題 E)は,問題を解く際に役に立つことがあります.それでは,問題 **0.1** にもどって,もっと一般的な問題を考えてみましょう.

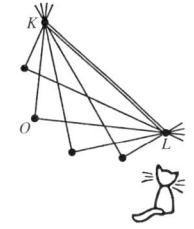

問題 0.2 猫が梯子の真ん中に座っているわけではないなら,猫はどのような曲線に沿って動くか?

そのような曲線上の点をいくつか,図にプロットしてみます.直線でもなければ,円でもないようです.つまり,私たちにとって,新しい曲線ということです.この曲線がどのような種類なのかを決定するためには,座標系の方法(すなわち,解析幾何の原理)が役に立ちます.

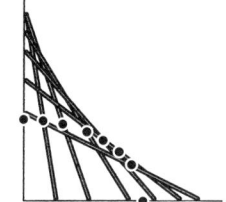

▽ 直角の 2 辺を x, y 軸とみなすような座標系を導入します.猫が座っている点 $M(x,y)$ は,梯子の端点 K からの距離が a で,L からの距離が b であるとします.($a+b=d$ となっています.)点 M の x 座標と y 座標の関係を与える方程式を求めましょう.

線分 KL が軸 Ox と角 φ で交わっているとすると,$y/b = \sin\varphi$,$x/a = \cos\varphi$ となります.

したがって,任意の $\varphi\left(0 \leqq \varphi \leqq \frac{\pi}{2}\right)$ に対し,
$$\frac{x^2}{a^2} + \frac{y^2}{b^2} = 1 \tag{1}$$
となります.

座標がこの方程式を満たす点の集合は**楕円**です.こうして,猫はある楕円に沿って動くことになります. △

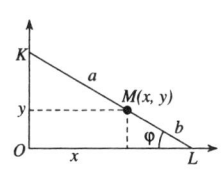

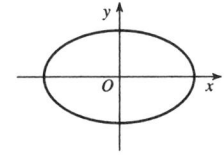

$a = b = d/2$ のとき,猫は梯子の真ん中に座っているわけですが,方程式 (1) は円の方程式 $x^2 + y^2 = (d/2)^2$ とな

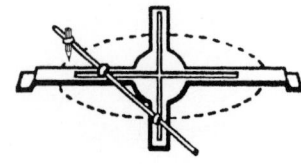

ることに注意しましょう．こうして，問題 0.1 の別解（今度は，解析的な解）が得られました．

問題 0.2 の結果は，楕円を描く装置の作り方の説明になっています．（図に示した）この装置は，**レオナルド・ダ・ヴィンチのエリプソグラフ** と呼ばれています．

コペルニクスの定理

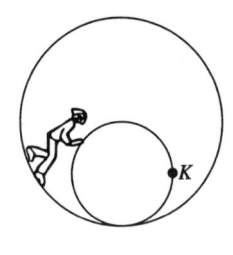

問題 0.3　固定された円の内部に，もう 1 つ円が入っていて，内側の円の直径は外の円の直径の半分であるとする．小さい円が大きい円に内接し，滑ることなく，大きい円に沿って回転している．動円上の定点 K は，どのような曲線を描くか？

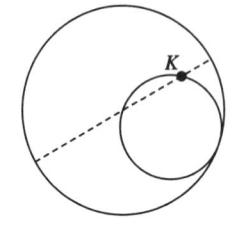

この問題の答は驚くほど単純です．点 K は，**直線**に沿って動きます．もっと正確に言えば，固定円の直径に沿って動くのです．この結果は，**コペルニクスの定理** と呼ばれています．

この定理が正しいことを，実験して確かめてみてください．（ここで大切なことは，内側の円が滑らずに回転することです．つまり，回転していく円弧の長さは同じになっています．）証明は難しくありません．円周角の定理を思い出すだけでいいのです．

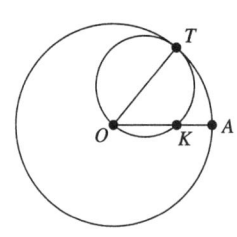

▽　最初に固定円上の点 A の位置にいた動円上の点が，今この瞬間，点 K まで移動しているとし，このとき，円が接触している点を T とします．弧 $\overarc{KT}$ と $\overarc{AT}$ の長さが等しく，動円の半径は固定円の半分ですから，弧 $\overarc{KT}$ の角の大きさは，弧 $\overarc{AT}$ の角度の 2 倍になっています．したがって，O を固定円の中心とすれば，**円周角の定理**（11 ページ参照）より，$\angle AOT = \angle KOT$ となります．それゆえ，点 K は半径 AO 上にあります．

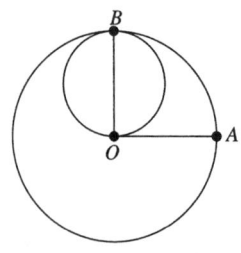

動円が大円の 4 分の 1 だけ回転するまで，この議論は成り立ちます．（このとき 2 つの円が大円上の $\angle BOA = 90°$ となる点 B で接し，K は O と一致します．）その後も，運動はまったく同じように続けられます．全体の図は単に，直線 BO に関して対称に折り返したものになります．点 K が，

直径 AA' のもう一方の端点 A' を過ぎた後は，動円は固定円の下半分を転がり，点 K は A にもどっていきます．△

問題 **0.1** と **0.3** の結果を比べてみましょう．この 2 つの問題に興味をひかれるのには，次のようなわけがあります．両者とも，図形の運動を扱っています．（前者は線分の運動，後者は円の運動です．）運動そのものはかなり複雑ですが，図形上の点の軌跡は意外に単純なものです．この 2 つの問題の間の関係は見かけのことだけではなく，問題でとりあげた運動自身も一致することがわかるのです．

実際，半径 $d/2$ の円が半径 d の円の内側に沿って回転しているとしましょう．動円の直径を 1 つ固定して，KL とします．コペルニクスの定理によれば，点 K と L はそれぞれある直線（大円の直径 AA' と BB'）に沿って動きます．こうして，直径 KL は，互いに直交する 2 直線に端点を乗せながら，滑っていきます．まさに，問題 **0.1** の線分のように動くわけです．

もう 1 つ，線分 KL に関係する面白い問題でしめくくりましょう．

「運動している間に，この線分によって覆われる点集合はどのようなものか，つまり線分 KL の可能なすべての位置の和集合は何であるか？」

という問題です．この集合の境界をなす曲線は，**アステロイド**と呼ばれています．この曲線は，次のようにして作図できます．直径 $d/2$ の円を直径 $2d$ の円の内側で回転させ，回転円上のある点の軌跡を描きます．この軌跡が，アステロイドになります．この曲線や関連する話題については，本書の第 7 章でとりあげます．そこで，読者のみなさんは，今とりあげた問題の相互関係について，もっと詳しい知識が得られるでしょう．

しかし，そのように複雑な問題や曲線にとりくむ前に，直線と円だけを扱う問題を詳しく調べることにしましょう．他の種類の曲線は第 5 章までは出てきません．

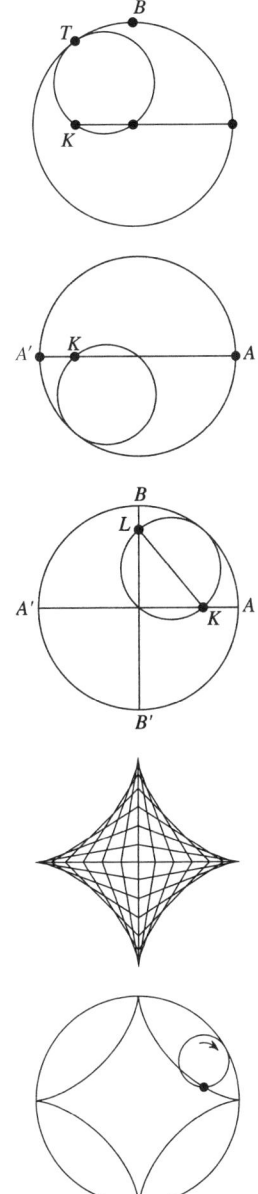

第1章
点集合

　本章では，本書における基礎的なテーマと問題を取り上げ，いろいろな例を用いて説明して，そのような問題を解くための概念と手法の武器庫を用意します．本章の最後にはいろいろな幾何の演習問題が集められています．

　最初に，本書でもっとも頻繁に使われる「点集合」という用語について説明しましょう．この言葉は，本章のタイトルにもなっています．

　「点集合」という概念はたいへん一般的なものです．平面上のどんな図形でも，1点でも，何個かの点でも，直線でも，領域でも，点集合なのです．

　本書で扱う問題の多くは，ある種の条件を満たす点の集合を求めるものです．そのような問題の答は通常，学校数学に現れる図形（直線，円，ときにはそういう曲線によって切り取られた平面の一部など）です．主な作業は，答がどんな種類の図形かを推測することです．こうして，猫についての問題 0.1 では答が円であると推測しましたし，問題 0.3 では答が直線だとわかりました．

しかしながら，これらの問題に答えるには，さらに徹底的に調べることが必要になります．次の2つが成り立つことを確かめないといけません．

(a) 与えられた条件を満足するすべての点がその図形に含まれていること．

(b) その図形上のすべての点が与えられた条件を満足すること．

(a)と(b)の両方の主張が明らかなこともありますし，一方だけが明らかなことも，ときにはどんな答も推測することすら難しいこともあります．

それでは，典型的な問題を少し考えてみましょう．

問題 1.1 点 O が線分 AC 上にある．$\angle MOC = 2\angle MAC$ を満たす点 M の作る集合を求めよ．

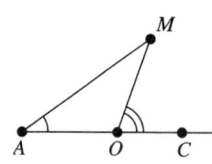

▽ 答は，O が中心で $|AO|$ が半径の円（から1点 A を除いたもの）と半直線 OC（から1点 O を除いたもの）の和集合です．

これを確かめてみましょう．求める集合の点 M が，直線 AO 上にないとします．このとき，点 M から点 O までの距離 $|MO|$ が，$|AO|$ に等しいことを証明してみます．$\triangle OAM$ を考えますと，三角形の外角に関する定理[1]から，$\angle MOC$ の大きさは，その外角と隣接していない2つの内角，つまり A と M を頂点とする角の和に等しくなります．つまり，

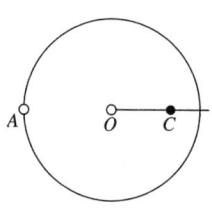

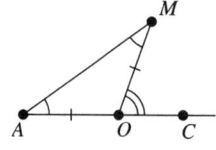

$$\angle OAM + \angle AOM = \angle MOC = 2\angle MAO$$

が成り立ちます．

問題の条件から，ただちに $\angle OAM = \angle AMO$ が得られます．それゆえ，$\triangle AMO$ は二等辺三角形，つまり $|OM| = |AO|$ となります．こうして，M は上に述べた円上にあることになります．

今度は逆の主張，つまり答で述べた円の上の任意の点 M が条件を満足していることを証明しましょう．

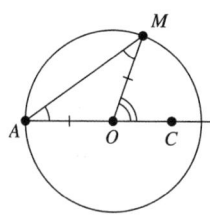

---

[1] ［訳註］三角形の外角は内対角の和に等しいというもの．以降（三角形の）外角の定理と呼ぶ．

明らかに，$\triangle AMO$ は二等辺三角形です．したがって，$\angle A$ と $\angle M$ は等しく，同じく三角形の外角の定理から，$\angle MOC = 2\angle MAC$ となります．

今度は点 M が半直線 OC $(M \neq O)$ に含まれているとすると，$\angle MOC = 2\angle MAC = 0°$ となり，条件が満足されます．

直線 OA 上の残りの点は，求める集合に含まれません．というのも，そうした点 M に対しては，$\angle MOC$ と $\angle MAC$ は，ともに $180°$ であるか，または，片方が $180°$ で他方が $0°$ であるか，のどちらかになっているからです（もっとも，点 O については，何も言えませんが…）． △

問題 1.2 半径が r_1 と r_2 $(r_1 > r_2)$ である 2 つの車輪が，直線 ℓ 上を転がっていく．この 2 つの車輪の 2 本の内共通接線の交点 M の集合を求めよ（図を参照）．

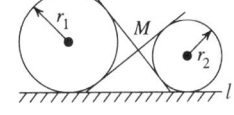

▽ 答は ℓ に平行な直線．

2 つの円の中心を O_1 と O_2 とすると，点 M が 2 つの円の対称性の軸（直線 $O_1 O_2$）上にあることに注意すれば，直線 $O_1 O_2$ と接線 $T_1 T_2$ との交点の集合を求めればよいことになります．

このような 2 つの円を考え，接点への半径 $O_1 T_1$ と $O_2 T_2$ を引きます．直角三角形 $MO_1 T_1$ と $MO_2 T_2$ は相似なので，点 M は線分 $O_1 O_2$ を $O_1 M : MO_2 = r_1 : r_2$ の比に分けることになります．明らかに，中心 O_1 の作る集合と，中心 O_2 の集合は，ℓ に平行な直線になります．この 2 直線上に端点をもつ線分 $O_1 O_2$ を，一定の比 $r_1 : r_2$ に内分する点 M の集合は，それ自身 ℓ に平行な直線になります．

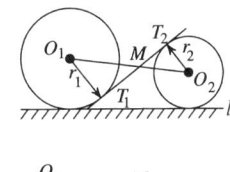

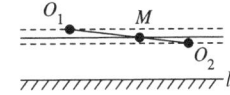

こうして，接線の交点の集合は，ℓ に平行な直線で，ℓ からの距離は $2r_1 r_2 / (r_1 + r_2)$ となります ❓[2]．この結論は，中心 O_1 と O_2 とは無関係なことに注意してください． △

次の問題は，もっと慎重に調べる必要があります．平面をいくつかの部分に分割し，その各部分に対して別々の議

---

[2] ［訳註］❓は，距離が $2r_1 r_2 / (r_1 + r_2)$ であるという部分に掛かっている．それがこれまでの記述から直ちに得られることではなく，何らかの計算や考察が必要なことを示しており，余裕のある読者は自分で解決することが期待されている．以下でも ❓ は，そういう意味で使われている．

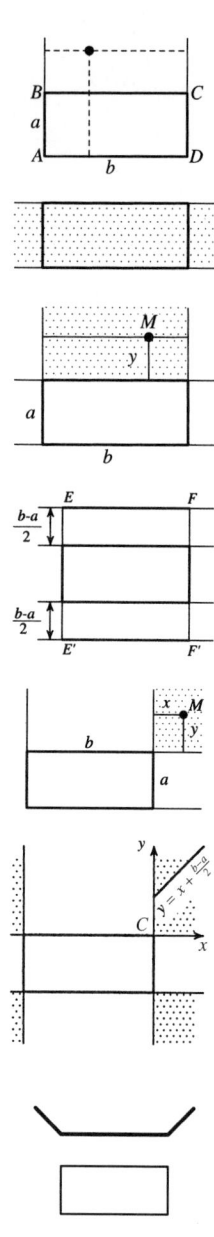

論をしなければいけません．

問題 1.3 長方形 ABCD が与えられているとする．平面上で，2 本の直線 AB と CD からの距離の和が，直線 BC と AD からの距離の和に等しい，すべての点を求めよ．

▽ 長方形の辺の長さを a, b と表します．まず，与えられた長方形が正方形でない場合を考えます．$a < b$ とします．

長方形の内部にある点と，長い方の辺を延長した 2 直線の間にある点は，問題の要求を満たしません．なぜなら，距離の和は，一方は a であり，他方は b 以上になるからです．

今度は，点 M が短い方の辺の延長線の間にあるとしましょう．M と，長方形の M に近い方の長辺との距離を y とします．そうすると，その対辺と M との距離は $y + a$ になります．この点が問題の条件を満たすには，$y + (y+a) = b$，つまり $y = (b-a)/2$ という等式を満たさなければなりません．したがって，長方形の短辺の延長線の間に位置している点に関しては，長方形の近い方の長辺との距離が $(b-a)/2$ である点が，そしてそのような点だけが，条件を満たしているわけです．この領域での答の点集合は，2 線分 EF と $E'F'$ の和集合です．

最後に，長方形の隣接する 2 辺 BC と DC の延長線の間の角領域にある任意の点 M を考えます．点 M と，直線 CD と BC の距離を，それぞれ x, y とします．すると，問題の条件は，$x + (x+b) = y + (y+a)$ すなわち $y = x + (b-a)/2$ と表すことができます．

x と y の値は，Cx と Cy を軸とする座標系における点 M の座標と考えることができます．この座標系で，方程式 $y = x + (b-a)/2$ は，$\angle xCy$ の二等分線に平行な直線を定めています．こうして，考えている角領域の中の点については，直線 $y = x + (b-a)/2$ 上の点だけが問題の条件を満たしていることが証明されました．

残りの 3 つの角領域についても，同じ議論をすることができます．こうして，平面上のあらゆる点を調べ尽くしました．問題の条件を満たす点全体の集合が，図にプロットされています．

さらに，問題の長方形が**正方形**，つまり $a = b$ の場合を考えて，求める点の集合を決定しなければなりません．

容易に示すことができますが，求める図形は正方形とその対角線との和集合になります🔎．　　　△

ここで，注意しておくべきことがあります．**長方形は 2 本の対称軸をもち，対称な辺の対は同じように問題の条件に出てくるので，解の点集合にも 2 本の対称軸がなければなりません．**したがって，解答では，平面を対称軸で分割したどれかの象限でだけ考えておけばよく，全平面で考える必要はありません．

正方形の場合，4 つある対称軸はすべて解の集合の対称軸になっています．

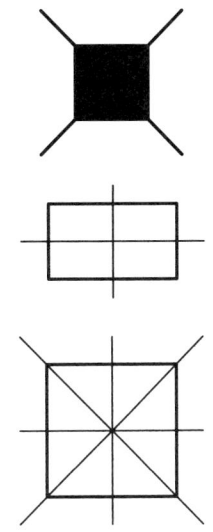

1.1　直線族と運動

点の集合だけでなく，直線が作る集合も考えることにします．直線の集合はしばしば，**直線族**といわれます．

円や直線の族に関係する幾何学の問題では，**その族を，円や直線が運動するというイメージで考えると便利なことが多い**のです．これまでも，最初の何題かは，運動の言葉で定式化して解きました．これからも繰り返しこの言葉を使うことになります．実際のところ，多くの問題や定理は，点や直線の運動という文脈で定式化しなおすと，いきいきと描写することができます．

新しい例を考えることもありません．問題 **1.1** にもどれば，その結果は次のように与えることができます．

直線 AM が点 A のまわりを角速度 ω で回転しており（つまり，単位時間に角度 ω だけ回り），直線 OM が点 O のまわりを角速度 2ω で回転しているとしましょう．さらに，最初の瞬間には，その 2 直線が直線 AO に重なっていたとします．このとき，2 直線の交点 M は，O を中心とする円に沿って動きます．

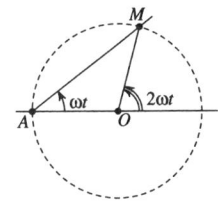

このことから，有名な**円周角の定理**を得ることができます．時間 t が経つ間に，直線 AM が AM_1 の位置から角度 φ をなす AM_2 の位置まで回転したとすると，直線 OM は

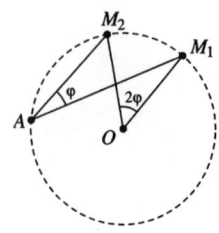

角度 2φ だけ回転することになり，言い換えると，**円周角 M_1AM_2 の大きさは対応する中心角 M_1OM_2 の半分**になります．

この定理は次のように，もっと動きのある定式化をすることもできます．

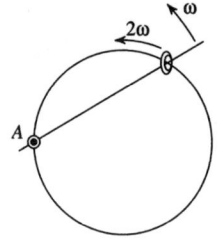

円周上の指輪の定理．円形の針金に小さな指輪がかかっており，この指輪をくぐっている棒が，円周上の点 A のまわりを回転する．**この棒が角速度 ω で一様に回転するなら，指輪は円周のまわりを角速度 2ω で一様に動く**．

運動の言葉で定式化できる定理の例をもう 1 つ挙げてみましょう．

直線 ℓ が平面上で**一様に並進**している，つまり，直線 ℓ が方向は変えずに動き，その際，ある直線 m との交点 M が m に沿って一様に動いている，としましょう．このとき，**任意の別の直線 n と ℓ との交点 N も一様に動きます**．これは，実際のところ，**平行な 2 直線は，1 つの角をなす 2 辺から比例する線分を切り取る**，という定理の言い換えになっています．円周上の指輪の定理の真似をすれば，このことを次のように表すことができます．

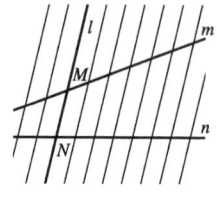

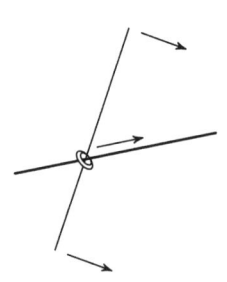

直線上の指輪の定理．小さな指輪が，2 直線の交点のところにかかっているとする．一方の直線が固定されていて，もう一方の直線が（自身に平行に）一様な並進をすれば，指輪も一様に動く．

後の方で，さまざまな直線族が登場することになっています．ある点を通る直線の族や，ある方向に平行な直線の族を扱うとき，指輪についてのこれらの定理が役立つことになります．

1.2 作図問題

古典的な作図問題（いかにして「三角形を作図する」か，「線分を切り取る」か，「割線を引く」か，「点を求める」か，

などの問題）では，通常，作図は定木[3]とコンパスだけを使って行なうもののことを意味しています．言い換えると，

- 任意の2点を通る直線を引くこと，
- 与えられた半径の円を描くこと，

そして，

- 作図された直線や円の交点をとる

ことができることなのです．

作図問題を解くには，**円や直線を一定の条件を満たす点の集合だと考えること**が便利です．

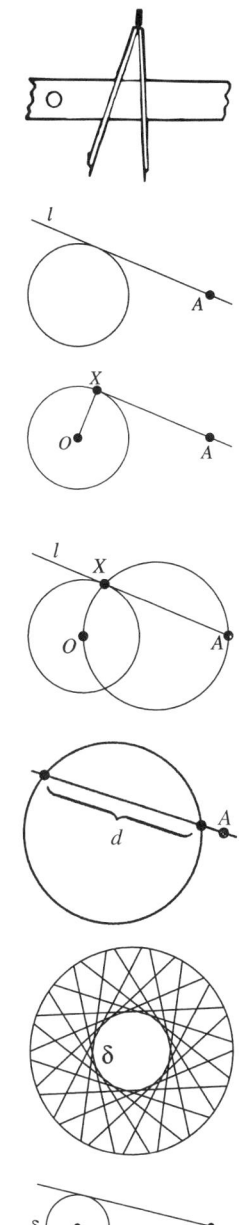

問題 1.4 円と，円の外部に点 A が与えられている．点 A を通り，この円に接する直線 ℓ を引け．

▽ 点 X で直線 ℓ が円に接するなら，$\angle OXA$ は直角になります．$\angle OMA$ が直角になるような点 M の集合は，ご存知のように，OA を直径とする円になります．

こうして，求める直線 ℓ を次のように作図することができます．線分 OA を直径とする円を描きましょう．

この円と与（えられた）円との交点 X をとります（直線 OA に関して対称な位置に2つ交点があります）．最後に，点 A と X を通る直線 ℓ を引きなさい． △

問題 1.5 点 A と円が与えられている．点 A を通る直線を引いて，与（えられた）円から長さ d の弦を切り取れ．

▽ 与円から長さ d の弦を切り取るような直線全体のなす集合を眺めてみましょう．こうした直線は，もとの円と同じ中心 O をもつある円 δ に接しています．r をもとの円の半径とするとき，この円 δ の半径は $\sqrt{r^2 - d^2/4}$ となります❓．こうしてこの問題は，上の「点 A を通り中心 O の円 δ に接するように引け」という問題に帰着します．

この問題は，点 A が円 δ の外部にあるとき2通りの解があり，円 δ 上のときは1通りの解があり，円 δ の内部では解がありません． △

---

[3] ［訳註］定規には目盛りが入っているが，定木は目盛りのないもので，任意の2点を通る直線を引くこと以外の機能をもっていないものとされている．

しばしば，**回転，対称移動，平行移動**（並進とも言う）や**相似変換**のような簡単な変換を用いて，既知の集合から未知の集合を求めることができます．（この方法は，作図問題において，とりわけ有効です．）並進や相似変換によって直線や円がどのように写るのか，その像の作図を復習しておきましょう．

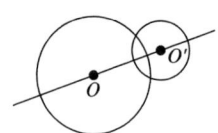

直線の場合は，もとの直線上の 2 点 A と B の像 A' と B' をプロットし，A' と B' を通る直線を引けば十分です．

半径 r の円の場合は，中心 O の像 O' をプロットし，O' を中心とする円で，（変換が並進のときには）同じ半径，（k が相似変換の相似比のときには）半径 kr のものを描けば十分です．変換が用いられるような典型的な問題例を，いくつか考えてみましょう．

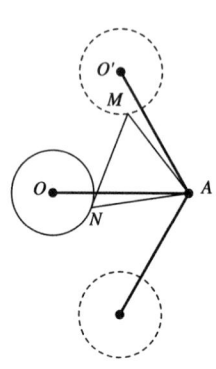

|問題 1.6| 点 A と円が与えられている．頂点 N が与円上にあるような正三角形 ANM の頂点 M の作る集合を求めよ．

▽ N を与円上の任意の点とします．線分 AN を点 A のまわりに $60°$ 回転すると，点 N は正三角形 ANM の頂点 M に重なります．それゆえ，与円を（剛体でできた図形のように）点 A のまわりに $60°$ 回転すれば，円のすべての点 N が正三角形 ANM の対応する 3 番目の頂点 M の上に重なることは，明らかです．

こうして，与円を点 A のまわりで時計廻りか反時計廻りに $60°$ 回転してできる 2 つの円のいずれかに，点 M はすべて含まれることになります．

まったく同様に，上のようにして得られた 2 つの円の上の任意の点 M が，ある正三角形 ANM の頂点であることを示すことができます． △

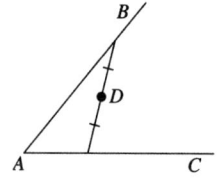

|問題 1.7a| 角と，その角の内部の 1 点 D が与えられている．点 D を中点とし，両端点が与（えられた）角の辺の上にあるような線分を作図せよ．

▽ 端点の一方が（頂点を A とする）与角の辺 AC 上にあり，中点が D であるような線分が作る集合を考えます．こ

れらの線分のもう一方の端点は，明らかに，点 D に関して与角の辺 AC に対称な直線に含まれています．

したがって，次のように作図できます．D に関して点 A に対称な点 A' をとり，A' を通って AC に平行な線分を引き，与角のもう 1 つの辺 AB との交点 E をとります．こうして，D を中点とする，求める線分 EF が得られました．この問題の解は，常に一意的になっています． △

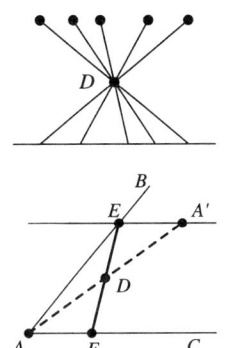

面白いことに，この作図はそのままで次の問題の解答になっています．

問題 1.7b　角と，その角の内部の点 D が与えられている．点 D を通り，与角から面積最小の三角形を切り取るような直線を引け．

▽ 求める直線が，上の問題で作図した直線 EF と同じもの，つまり，与角の 2 つの辺を結ぶ線分で，点 D で二等分されるものであることを証明しましょう．

点 D を通るが，EF とは異なる直線 MN を引けば，

$$S_{MAN} > S_{EAF} \tag{1}$$

となることを証明しましょう．辺 AB 上の点 M は，角の頂点 A から見て E よりも遠くにあると仮定することができます．（M が E よりも A に近くにある場合は，辺 AB と AC の役割を交換すれば，同じように考えることができます．）不等式

$$S_{EDM} > S_{FDN} \tag{2}$$

を確かめれば十分です．それは，この不等式から容易に不等式 (1) を導くことができるからです．しかし，点 D に関して △FDN に対称な △EDN' が △EDM に完全に含まれているので，不等式 (2) はただちに得られてしまいます． △

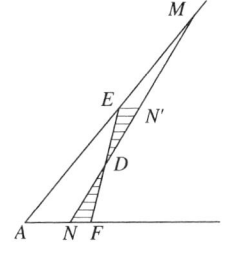

1.3　追加問題

問題 1.8　2 点 A, B が与えられている．点 A から点 B を通るあらゆる直線に下ろした垂線の足が作る集合を求めよ．

16　第1章　点集合

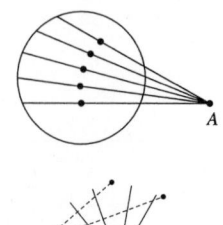

問題 1.9　平面上の円と点 A が与えられたとき，A を通る直線が与円から切り取る弦の中点の作る集合を求めよ．（点 A が円の内部にある，外部にある，円周上にあるというあらゆる場合を考えること．）

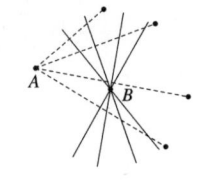

問題 1.10　2点 A, B が与えられたとき，点 B を通る直線に関して点 A に対称な点が作る集合を求めよ．

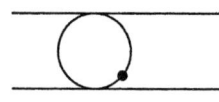

問題 1.11　2本の平行線とその間の点を与えたとき，その点を通り2直線に接する円を作図せよ．

問題 1.12　直線と円を与えたとき．その両方に接する半径 r の円を作図せよ．

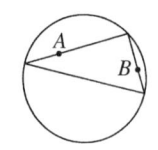

問題 1.13　円と，内部の2点 A, B が与えられている．与円に内接する直角三角形で，A, B を通る2辺が直角をなすものを求めよ．→

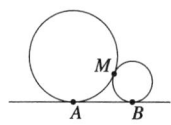

問題 1.14　2点 A, B が与えられている．直線 AB と，点 A で接する円と，点 B で接する2つの円どうしが点 M で接している．そのような点 M の集合を求めよ．→

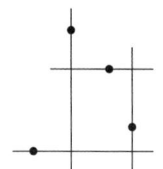

問題 1.15　平面上に4点が与えられている．それぞれの点を通る4本の直線が作る長方形の中心が作る集合を求めよ．→

問題 1.16　長方形 $OPMQ$ の2辺 OP, OQ が与えられた直角の2辺の上にあるとする．正の値 d を与えたとき，次の3つの場合に，点 M が作る集合を求めよ．

(a)　対角線 PQ の長さが d に等しい．
(b)　2辺 OP と OQ の長さの和が d に等しい．
(c)　2辺 OP と OQ の長さの2乗の和が d に等しい．

問題 1.17　対角線の長さが d の長方形 $ABCD$ が与えられたとして，長方形の辺とその延長線を考える．$ABCD$ の

4 つの辺（もしくは延長線）からの距離の 2 乗の和が d^2 に等しいような点 P の作る集合を求めよ．

問題 1.18　A と B を 2 つの町とする．M 地点から B まで直線に沿って進めば，M と A の距離が常に大きくなる，という性質をもつ点 M の集合を求めよ．

問題 1.19　△ABC の中線 AO の長さが次のどれかを満たしているとする．

(a)　辺 BC の長さの半分に等しい．
(b)　辺 BC の長さの半分より大きい．
(c)　辺 BC の長さの半分より小さい．

それぞれの場合に，角 A が (a) 直角，(b) 鋭角，(c) 鈍角になることを証明せよ．

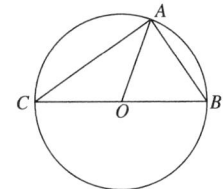

問題 1.20　平面上に，円と点 L が与えられている．N を与円の任意の点とするとき，線分 LN の中点の作る集合を求めよ．

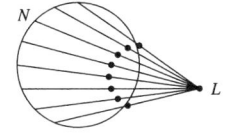

問題 1.21　円と円外の 1 点が与えられたとき，この点を通る割線で，円の外側にある線分の長さと内側の線分の長さが等しくなるものを引け．

問題 1.22　与えられた 2 円の交点の一方を通り，この 2 円から等しい長さの弦を切り取る直線を引け．

問題 1.23　頂点 A が与えられた直線上にあり，頂点 B が与えられた定点であるような，正方形 $ABCD$ の頂点 C の作る集合を求めよ．

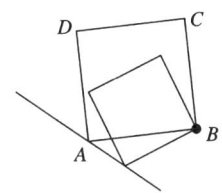

問題 1.24　(a)　2 つの頂点が与えられた鋭角の辺の上にあり，第 3 の頂点がもう一方の辺上にあるような正方形の第 4 の頂点のあり得る場所はどこか？

(b)　与えられた鋭角三角形 ABC に，2 つの頂点が辺 AB 上にあるようにして，正方形を内接させよ．

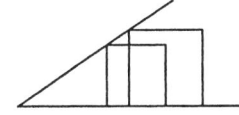

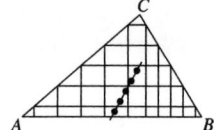

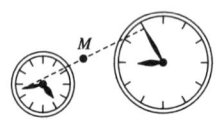

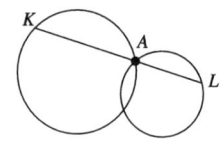

問題 1.25* 2本の直線の道を一様な速さで歩いている2人の歩行者がいる．2人を結ぶ線分の中点はどのような点集合になるか？（**注意．**歩行者の歩き方（速さと方向）によって，いろいろな答がある．すべての場合を求めてみよ．）➡

問題 1.26* 与えられた三角形 ABC に，長方形の一辺が直線 AB に重なるように，長方形を内接させる．そのようなすべての長方形の中心の作る集合を求めよ．

問題 1.27 平面上で木製の（直角）三角定木を動かすのだが，定木の鋭角をなす2頂点が与（えられた）直角の2辺に沿って動くようにする．この三角定木の直角をなす頂点はどのように動くか？

問題 1.28* 2つの平らな時計が机の上にある．両方とも正確に動いている．分針の端点を結ぶ線分の中点 M はどのように動くか？➡

問題 1.29* 2つの与（えられた）円の交点 A を通る直線が，与円のそれぞれと再び点 K, L で交わるとする．線分 KL の中点のなす集合を求めよ．➡

第2章
アルファベット

　本章は，さまざまな幾何学的条件を満足する点の集合（軌跡）に関する定理をまとめたものです．いろいろなタイプの問題の解答に使えるように，定理と条件のリスト全体を徐々に作っていくことにします．

　点の集合を求める問題と，方程式（や連立方程式，不等式）を解くふつうの代数的な問題の間に，アナロジー（類似）が成り立ちます．方程式や不等式を解くことは，ある条件を満たす数の集合を求めることを意味しています．代数の授業で，いろいろな方程式（たとえば，三角方程式，対数方程式）がたいていは1次方程式や2次方程式に帰着されるのとまったく同じように，複雑な幾何学的な条件であってもそれが直線や円の新しい性質にすぎないということも多いのです．

　代数的な問題と点集合を求める問題とのアナロジーは，見かけだけのものではありません．座標の方法を用いれば，一方の問題を他方の問題に換えることができます．この方法を使えば，見た目では違って見える幾何学的な条件が一

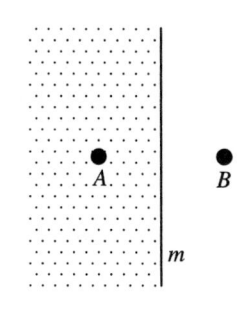

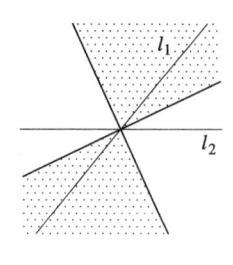

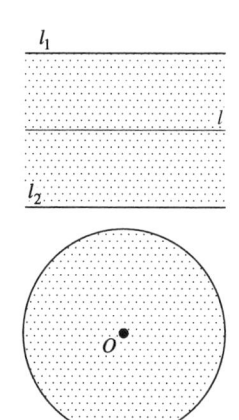

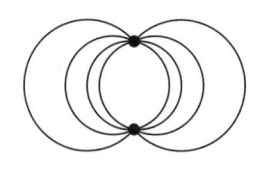

般的な定理で統一的に扱えることがわかるようになります．

それでは，幾何学の**アルファベット**を，もっとも簡単な主張から始めることにしましょう．

A．**与えられた2点 A, B から等距離にある点の集合は，線分 AB に垂直でその中点を通る直線である．**

この直線 m を線分 AB の**垂直二等分線**といいます．垂直二等分線は，平面を2つの半平面に分割します．一方の半平面内の点は B より A に近く，他方の点は A より B に近くなっています．点 A と B は直線 m に関して対称です．

B．**交差する2本の直線 ℓ_1, ℓ_2 から等距離にある点の集合は，2直線 ℓ_1, ℓ_2 が作る角を二等分する互いに直交する2直線である．**

この2本の直線は，直線 ℓ_1 と ℓ_2 からなる図形の対称性の軸になっています．この集合（**十字二等分線**）は，平面を4つの領域に分割します．図に網掛けがしてある領域は，直線 ℓ_2 より ℓ_1 に近い点の集合である2つの直角（領域）です．

C．**直線 ℓ と正の数 h が与えられたとき，ℓ からの距離が h である点の集合は，ℓ に平行で，ℓ の両側に位置する2本の直線 ℓ_1 と ℓ_2 である．**

直線 ℓ_1 と ℓ_2 の間の帯状領域は，ℓ からの距離が h より小さい点の集合です．

D．**点 O と正の数 r が与えられたとき，O からの距離が r である点の集合は，中心が O で半径が r の円である．**
（これは円（周）の定義です．）

円は平面を，内側と外側の領域という，2つの部分に分割します．円の内部の点は中心からの距離が r より小さいし，円の外部の点では r より大きくなります．

次の4つの問題で，A，B，C の条件を簡単に言い換えてみましょう．

問題 2.1 与えられた2点を通る円の中心の集合を求めよ．

|問題 2.2| 　与えられた交差する 2 直線に接する円の中心の集合を求めよ．

|問題 2.3| 　与えられた直線に接する半径 r の円の中心の集合を求めよ．

|問題 2.4| 　点 A と B が与えられたとき，$\triangle AMB$ の面積 S_{AMB} が与えられた数 $c > 0$ に等しくなるような点 M のなす集合を求めよ．

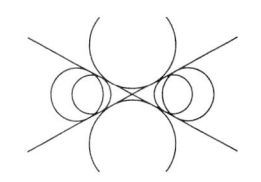

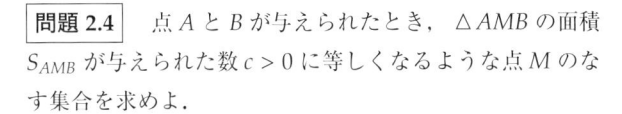

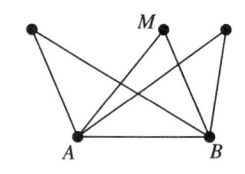

命題 B を，より内容のある例で説明してみましょう．三角形の二等分線に関する定理の証明です．

|問題 2.5| 　直線 AC と BC の十字二等分線が，直線 AB と点 E, F で交わるとき，等式
$$\frac{|AE|}{|EB|} = \frac{|AF|}{|FB|} = \frac{|AC|}{|CB|}$$
を証明せよ．

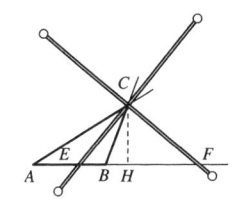

▽ 点 E か F のどちらかを M とすると，等式
$$\frac{|AM|}{|MB|} = \frac{S_{ACM}}{S_{MCB}}$$
が成り立ちます．(三角形 ACM と MCB の高さ CH は同じです．)

面積の比は，別の方法で表すことができます．点 M は十字二等分線の点ですから，直線 AC と BC から等距離にあるので，
$$\frac{S_{ACM}}{S_{MCB}} = \frac{|AC|}{|CB|}$$
となります． △

2.1 円と，円弧の対

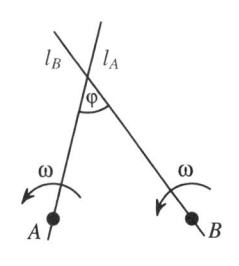

次のアルファベットは，第 1 章で考えた円周角の定理や円周上の指輪の定理を少し変形したものです．

E．2 本の交差する直線 ℓ_A と ℓ_B を，同一平面上で，それぞれの直線上の点 A, B のまわりに等しい角速度 ω で回

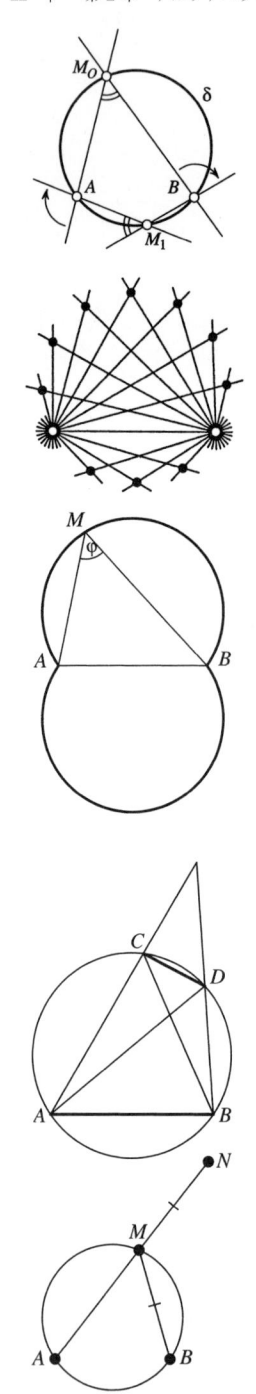

転させる（このとき，明らかに，2 直線間の角度も一定に保たれる）．**この 2 直線の交点の軌跡は円である．**

▽ 点 A, B と，直線 ℓ_A, ℓ_B のある交点 M_0 の 3 点を通る円 δ を作図します．第 1 章の円周上の指輪の定理より，直線 ℓ_A と円 δ の交点は，円 δ 上を一様に，角速度 2ω で運動します．直線 ℓ_B と円 δ の交点も，まったく同じように動きます．2 つの交点は，ある瞬間には（M_0 の位置で）一致していたのですから，どの時点でも一致しています．　△

運動の言葉を使わない次の定理 E も，上の定理の言い換えになっています．

E．線分 AB に対し，円周角が定値 φ であるような点の集合（すなわち，$\angle AMB = \varphi$ を満たす点 M の集合）は，点 A と B を端点とする円弧の対であり，それらは**直線 AB に関して対称である．**

この 2 つの円弧で囲まれる領域は，$\angle AMB > \varphi$ を満たす点 M の集合になっています．

$\varphi = 90°$ のときは，集合 E が AB を直径とする円になっています．このことはすでに，問題 **0.1** の後で述べてあります．

問題 2.6　ある円で，弦 AB が固定され，別の弦 CD がその円に沿って長さを変えることなく動いている．2 直線

　(a)　AD と BC,
　(b)　AC と BD

の交点は，どのような線に沿って動くか？

問題 2.7　2 点 A, B と角 φ が与えられている．$\angle MAN = \varphi$ を満たす平行四辺形 $AMBN$ の頂点 M, N の作る集合を求めよ．

問題 2.8a　円と，円上の 2 点 A, B が与えられている．M をこの円の上の任意の点とする．線分 AM の延長線上に，線分 MN と BM の長さが等しくなるように，点 N をとる．点 N の作る集合を求めよ．

▽ 点 N を問題のようにとると，$|BM| = |NM|$ なので，$\angle NBM = \angle MNB$ となります．$\angle AMB = \angle MBN + \angle MNB$ なので，$\angle ANB = \angle AMB/2$ です．円弧 $\overparen{AmB}$ 上の任意の点 M に対して，$\angle AMB$ は一定（$\angle AMB = \varphi$）です（E を参照）．すると，$\angle ANB = \varphi/2$ となるので，求める点はすべて角 $\varphi/2$ を見込む円弧 $\overparen{AnB}$ の上にあることになります．（この円弧の中心は，もとの円弧 $\overparen{AmB}$ の中点です ?．）

円弧 $\overparen{AnB}$ 上の点はすべて，問題の条件を満たしているでしょうか？　いいえ，すべてではありません．

点 M を円弧 $\overparen{AmB}$ に沿って点 B から A まで動かせば，弦 AM は点 A のまわりを回転して，直線 AB から与円の点 A での接線まで変わっていきます．したがって，円弧 $\overparen{AnB}$ の一部だけが，つまり，この接線と円弧 $\overparen{AnB}$ の交点を E とすれば，円弧 $\overparen{EnB}$ が，解の集合に含まれることになります．

点 B も解の集合に含まれるとしてよいことに注意しましょう（M が B と一致するときは，線分 MB の「長さ」は 0 です）．厳密には，点 E は解の集合に含まれません．というのも，M が A と一致すると，直線 AM（の方向）が意味をもたなくなるからです．

直線 AB の反対側にある点についても同じように考えられます．

以上より，解の集合は 2 つの円弧 $\overparen{EnB}$ と $\overparen{E'n'B}$ になります．　△

円弧 $\overparen{AmB}$ の中点を C とするとき，点 N と B が直線 CM に関して対称であることに注目するなら，問題 **2.8a** は別の方法でも解けます．点 N の集合は，2 点 B,C に対して問題 **1.10** で求めた点集合になります．

読者には，この方法で解く試験問題として，問題 **2.8a** の類題を出しておきましょう．

問題 **2.8b**　問題 **2.8a** を解け．ただし今度は，線分 MN は反対方向の半直線 MA 上にとることとする．

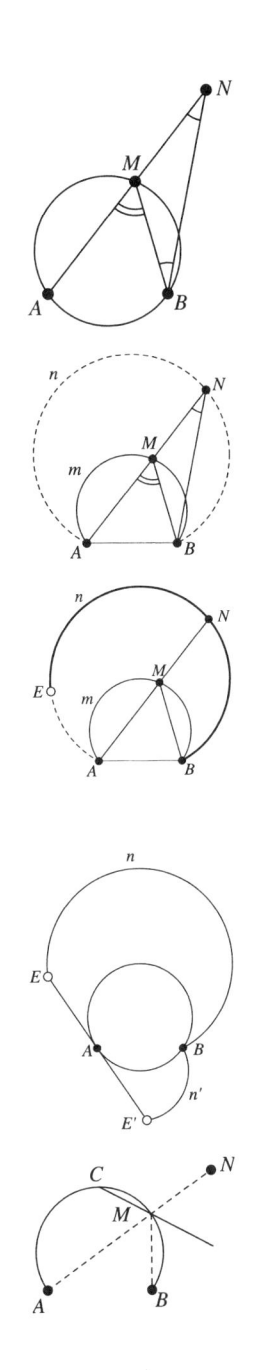

2.2 距離の2乗

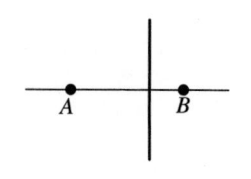

平面上の2点 A, B と任意の数 c を考えます.

F. 等式
$$|AM|^2 - |BM|^2 = c$$
を満たす点 M の集合は，線分 AB に垂直な直線になる．（とくに，$c = 0$ のときは垂直二等分線になる．命題 **A** を参照のこと．)

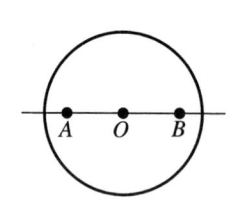

G. $|AB| = 2a$ とする．等式
$$|AM|^2 + |BM|^2 = c$$
を満たす点 M の集合は,

(a) $c > 2a^2$ のとき，中心が線分 AB の中点 O で半径が $r = \sqrt{(c - 2a^2)/2}$ の円になる.
(b) $c = 2a^2$ のとき，**1点 O** になる.
(c) $c < 2a^2$ のとき，**空集合** になる.

命題 **F** と **G** を，(x, y) 座標を用いて解析的に，またはピタゴラスの定理を用いて，証明することは，そう難しいことではありません**?**．

ここでは，個々に証明を述べないで，両者をより一般的な定理の系として導くことにします．ただし，まずは，例を使って説明してみましょう．

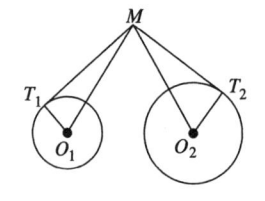

問題 2.9 与えられた2つの円への接線の長さが等しい点が作る集合を求めよ．

▷ 与円の中心を O_1, O_2，半径を r_1, r_2 ($r_2 \geq r_1$) とし，点 M からそれぞれの円に引かれた接線を MT_1, MT_2 とします．ピタゴラスの定理を用いれば，問題の条件 $|MT_1|^2 = |MT_2|^2$ は，
$$|MO_1|^2 - |O_1T_1|^2 = |MO_2|^2 - |O_2T_2|^2$$
つまり,
$$|MO_2|^2 - |MO_1|^2 = r_2^2 - r_1^2$$

と書き直すことができます．

命題 F によれば，点 M の集合は，O_1O_2 に垂直な直線に含まれることになります．

問題の 2 円が交わる場合，この直線は 2 つの交点を通ります．なぜなら，A が交点であれば，

$$|O_2A|^2 - |O_1A|^2 = r_2^2 - r_1^2$$

となるので，結局，A はこの直線の上にあることになります．この場合，求める点の集合は，図に示したように，2 本の半直線の和集合になります．

2 円が同心円（$r_2 > r_1$）の場合，解の集合は空集合になります．2 円が一致する場合，解の集合は円の外部の点全体です．2 円が交わらず，同心円でもない場合，答は直線になります． △

問題 2.9 に出てきた直線は，**2 円の根軸**と呼ばれます．交わらない 2 円が与えられたとしましょう．そうしますと，2 円の根軸は，この 2 円の補集合を，$|MT_1| > |MT_2|$ を満たす点 M の集合と，$|MT_1| < |MT_2|$ となる M の集合という 2 つの領域に分割します．

問題 2.10 与えられた 2 円のいずれとも直径対点で交わるような，円の中心が作る集合を求めよ．

問題 2.11 (a) 平行四辺形の 2 つの対角線の長さの 2 乗の和は辺の長さの 2 乗の和に等しい．証明せよ．
(b) 凸四辺形 $AMBN$ の対角線が互いに直交するなら，$|AM|^2 + |BN|^2 = |AN|^2 + |BM|^2$ となる．証明せよ． ➡

▽ (a) 平行四辺形 $AMBN$ の頂点 A, B は中心 O からの距離が a で，頂点 M, N は O からの距離が r であるとし，$c = 2(a^2 + r^2)$ とおきます．平行四辺形の中心に O と書いてある図を見てください．$|OM| = \sqrt{(c - 2a^2)/2}$ ですから，命題 G より，点 M から点 A までと，点 B までの距離の 2 乗の和は，c に等しくなります．同様にして，$|AN|^2 + |BN|^2 = c$ となります．それゆえ，

$$|AM|^2 + |BM|^2 + |AN|^2 + |BN|^2$$

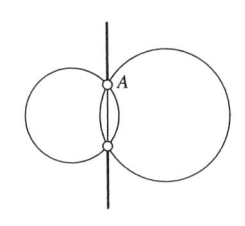

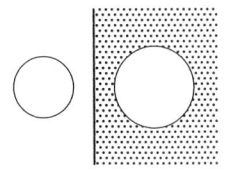

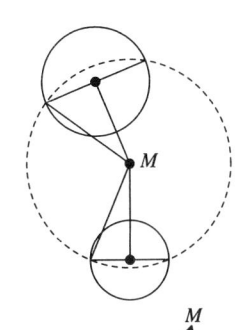

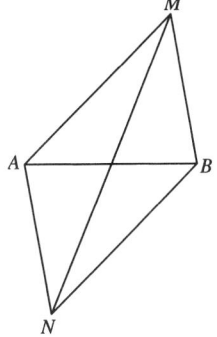

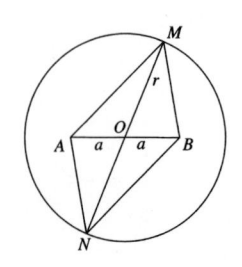

$$= 2c = 4(a^2 + r^2) = |MN|^2 + |AB|^2$$

となります。 △

それでは，命題 F, G, A, D というアルファベットを含む一般的な定理を述べることにしましょう。

距離の 2 乗の定理．条件

$$\lambda_1|MA_1|^2 + \lambda_2|MA_2|^2 + \cdots + \lambda_n|MA_n|^2 = \mu \qquad (1)$$

を満たす点 M の集合は，次の単純な幾何学図形のいずれかである．ただし，$A_1, A_2, \ldots, A_n$ は与えられた点，$\lambda_1, \lambda_2, \ldots, \lambda_n, \mu$ は与えられた数とする．

1°．$\lambda_1 + \lambda_2 + \cdots + \lambda_n \neq 0$ の場合，円か 1 点か空集合になる．

2°．$\lambda_1 + \lambda_2 + \cdots + \lambda_n = 0$ の場合，直線か全平面か空集合になる．

座標の方法を用いてこの定理を証明しましょう．

▽ 点 $M(x, y)$ と $A_k(x_k, y_k)$ の距離の 2 乗は

$$|MA_k|^2 = (x - x_k)^2 + (y - y_k)^2$$
$$= x^2 + y^2 - 2x_k x - 2y_k y + x_k^2 + y_k^2$$

という式で計算できます．問題の式

$$\lambda_1|MA_1|^2 + \lambda_2|MA_2|^2 + \cdots + \lambda_n|MA_n|^2$$

を座標で表すには，

$$\lambda(x^2 + y^2 - 2px - 2qy + p^2 + q^2)$$

という形の式をいくつか足しあわせる必要があります．

その結果，条件 (1) は，方程式

$$dx^2 + dy^2 + ax + by + c = 0 \qquad (2)$$

(ただし，$d = \lambda_1 + \lambda_2 + \cdots + \lambda_n$) の形に書かれます．

さて，方程式 **(2)** が上に挙げたいずれかの図形を表すことを証明しましょう．

1°．$d \neq 0$ の場合，(2) 式は

$$x^2 + y^2 + \frac{a}{d}x + \frac{b}{d}y + \frac{c}{d} = 0$$

つまり，

$$\left(x + \frac{a}{2d}\right)^2 + \left(y + \frac{b}{2d}\right)^2 = \frac{b^2 + a^2 - 4dc}{4d^2} \qquad (2')$$

のように変形できます．

この式から次のようになることがわかります．

(2′) 式の右辺が正のとき，点 $C(-a/2d, -b/2d)$ を中心とする円になり，

右辺が 0 になるとき，1 点 $C(-a/2d, -b/2d)$ になり，

右辺が負のとき，空集合になる．

2°．$d = 0$ の場合，(2) 式は

$$ax + by + c = 0$$

という形になります．

この式は，

$a^2 + b^2 \neq 0$ ならば，直線を

$a = b = c = 0$ ならば，全平面を

$a = b = 0, c \neq 0$ ならば，空集合を表します． △

具体的な例では，この場合のどれに関係するかを決めることは，概して難しくありません．それでは，まだ証明していなかったアルファベットの命題 F と G に戻りましょう．

F の証明． $|MA|^2 - |MB|^2 = c$ という条件は，(1) 式の $n = 2, \lambda_1 = 1, \lambda_2 = -1$ という特別な場合です．$d = 0$ なので，この条件から，直線，平面，空集合のいずれかになります．

方程式 $(x+a)^2 - (x-a)^2 = c$ は，常に，$x = c/4a$ という唯一の解をもちます．つまり，直線 AB 上では，1 点だけが解の集合に含まれることになります．したがって，解の

集合は直線になります．対称性を考慮に入れれば，この直線が直線 AB に垂直であることは明らかです． △

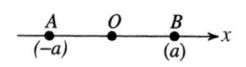

⑥の証明．条件 $|MA|^2+|MB|^2=c$ は (1) 式の特別な場合です．$\lambda_1=1, \lambda_2=1, d\neq 0$ ということから，解の集合は，空集合，1 点，円のいずれかになります．条件式から 2 点 A と B について対称性なので，もし解の集合が円ならその円の中心は線分 AB の中点 O になります．

解の集合がいつ円になるかを求め，またその半径を定めるために，直線 AB 上の点で条件 $|MA|^2+|MB|^2=c$ を満たすものを求めます．そのためには，方程式 $(x+a)^2+(x-a)^2=c$ が $c\geqq 2a^2$ のときに解をもち，その解が

$$|x|=r=\sqrt{(c-2a^2)/2}$$

であることに注意すればよいでしょう． △

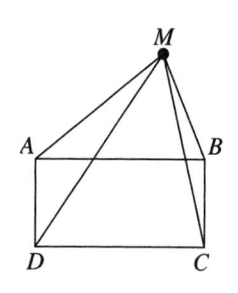

問題 **2.12**　平面上に長方形 $ABCD$ が与えられている．同じ平面上の点 M で，$|MA|^2+|MC|^2=|MB|^2+|MD|^2$ を満たすものの集合を求めよ．

▽ 答は全平面です．証明しましょう．$ABCD$ を図のとおりとするとき，$|MA|^2+|MC|^2-|MB|^2-|MD|^2=0$ を満たす点 M の集合を求めるのです．

(26 ページの) 条件 (1) で，$n=4, \lambda_1=\lambda_2=1, \lambda_3=\lambda_4=-1$ とおくと，$\lambda_1+\lambda_2+\lambda_3+\lambda_4=0$ となります．定理によれば，解の集合は直線か空集合か全平面かのどれかになります．

長方形の頂点 A,B,C,D 自身が問題の条件を満たすことに注意しましょう．たとえば，点 A に対する等式 $|AA|^2+|AC|^2-|AB|^2-|AD|^2=0$ が成り立ちます（ピュタゴラスの定理）．こうして，解の集合は，空集合でも直線でもありません．それゆえ，解の集合は全平面になります． △

問題 **2.12** の結果から，$ABCD$ が長方形なら，平面上の任意の点 M に対して，等式

$$|MA|^2+|MC|^2=|MB|^2+|MD|^2$$

が成り立つことがわかります．この事実を利用して，次の問題を解いてください．

問題 2.13　円と，円の内部の点 A が与えられている．頂点 B, D が与えられた円周上にあるような長方形 $ABCD$ の，頂点 C が作る集合を求めよ．

次の問題では，点 M と直線 m との距離を $\rho(M, m)$ で表します．

問題 2.14　m が線分 AB の垂直二等分線で，$|MA| > |MB|$ のとき，$|MA|^2 - |MB|^2 = 2|AB|\rho(M, m)$ となることを証明せよ．

距離の 2 乗の定理（p.26）の系でもあり，幾何学ではよく使われる命題をもう 1 つ，私たちのアルファベットに付け加えます．

H. 条件

$$|MA|/|MB| = k, \quad k > 0, \quad k \neq 1$$

を満たす点 M の集合は円であり，その直径は直線 AB 上にある．

上の命題の集合の点 M は，M から A までの距離と M から B までの距離の比 $|MA|/|MB|$ が一定です．このような点 M の集合を**アポロニウスの円**と言います．

▽ 条件 H を，

$$|MA|^2 - k^2|MB|^2 = 0$$

という形に書き直します．

この条件は，（26 ページの）条件 (1) の，$n = 2$, $\lambda_1 = 1$, $\lambda_2 = -k^2$ という特別な場合になっています．したがって，$1 - k^2 \neq 0$ であれば，解の集合は円か 1 点か空集合のいずれかです．$k^2 \neq 1$ のとき，方程式

$$(x + a)^2 = k^2(x - a)^2$$

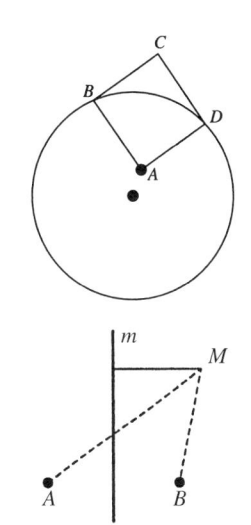

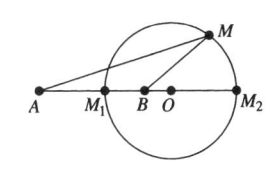

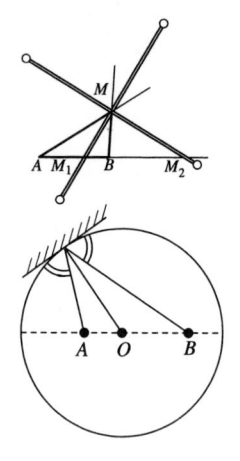

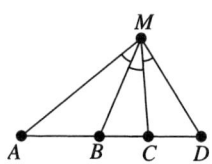

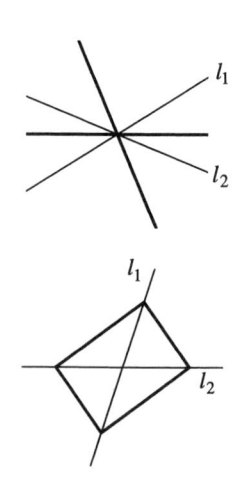

には常に 2 つの解があるので，解の集合と直線 AB の交わりには 2 点 M_1, M_2 が含まれています．それゆえ，解の集合は円になります．問題の条件は直線 AB に関して対称だから，線分 M_1M_2 がこの円の直径になっています．△

ついでに，点 M がアポロニウスの円上の点のとき，2 直線 AM と MB の十字二等分線が直線 AB と 2 点 M_1, M_2 で交わることを注意しておきましょう．($|AM_1|/|BM_1| = |AM_2|/|BM_2| = |AM|/|BM|$ ですから，このことは問題 2.5 の十字二等分線に関する定理から導かれます．)

このことを次の問題で使います．

問題 2.15 円形のビリヤード・テーブルの直径上に，2 つのビリヤード球 A, B が置かれている．テーブルの縁で一度撥ね返った後で A の球にあたるように，B の球を突く．直径以外の方向に突かれるときの，球 B の軌跡を求めよ．

問題 2.16 4 点 A, B, C, D がある直線上に与えられている．平面上の点 M で，M から各線分 AB, BC, CD を同じ角で見込む（つまり，点 M において各線分に対する角が等しい）ものを作図せよ．

2.3 直線からの距離

ここまで本章では主に，円を定めるいろいろな性質を用いてきました．アルファベットの次の 2 つの命題では，直線の対だけを扱います．

平面上の交差する 2 直線 ℓ_1, ℓ_2 と正の数 c を考えます．

I. 直線 ℓ_1 と ℓ_2 からの距離の比がある定数 c に等しい（すなわち，$\rho(M, \ell_1)/\rho(M, \ell_2) = c$ を満たす）点 M が作る集合は，直線 ℓ_1 と ℓ_2 の交点を通る直線の対になる．

J. 直線 ℓ_1 と ℓ_2 からの距離の和がある定数 c に等しい（すなわち，$\rho(M, \ell_1) + \rho(M, \ell_2) = c$ を満たす）点 M が作る集合は，対角線が直線 ℓ_1, ℓ_2 上にある長方形の境界になる．

この 2 定理を証明する前に，次の 2 つの例で説明してみましょう．

問題 2.17　$\triangle ABC$ が与えられたとき，$S_{AMC} = S_{BMC}$ を満たす点 M の集合を求めよ．

▽ h_b と h_a を，それぞれ，点 M と直線 AC および BC との距離とします．すると，

$$S_{AMC} = \frac{|AC| \cdot h_b}{2}, \quad S_{BMC} = \frac{|BC| \cdot h_a}{2}$$

となるので，$h_a / h_b = |AC| / |BC|$ です．

それゆえ，点 M の作る解の集合は，命題 ⓘ を 2 直線 AC, BC と $c = |AC|/|BC|$ に対して適用したものです．こうして，解の集合は点 C を通る直線の対になります．一方の直線 m は三角形の中線を含み，もう一方の直線 ℓ は直線 AB に平行なことを示しましょう．このためには，それぞれの直線に適当な 1 点をとり，その点が条件を満たしていることを確かめれば十分です．

頂点 C から引いた三角形の高さを h と表します．N を直線 ℓ の上の点とすると，

$$S_{ANC} = \frac{|CN| \cdot h}{2} \quad \text{かつ} \quad S_{BNC} = \frac{|CN| \cdot h}{2}$$

となります．それゆえ，$S_{ANC} = S_{BNC}$ であり，直線 ℓ は解の集合に含まれます．

K を辺 AB の中点（すなわち，$|AK| = |KB|$）とします．このとき，$S_{AKC} = |AK| \cdot h/2 = |BK| \cdot h/2 = S_{BKC}$ となるので，直線 m 全体が解の集合に含まれます．△

十字二等分線の真似をして，2 直線 m と ℓ の組を，三角形の頂点 C での「十字中線」と呼んでもよいでしょう．

命題 ⓙ は，本質的には，次の問題に帰着できます．

問題 2.18　二等辺三角形 AOB が与えられたとき，底辺 AB 上の点 M と直線 AO までの距離と直線 BO までの距離の和が，A から辺 BO に下ろした高さ（垂線の長さ）に等しい，ことを証明せよ．

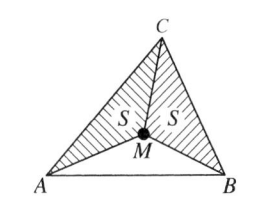

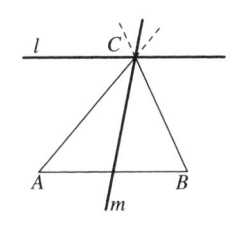

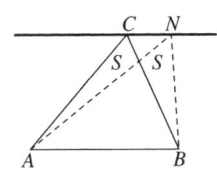

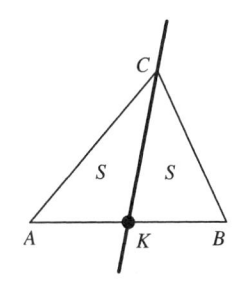

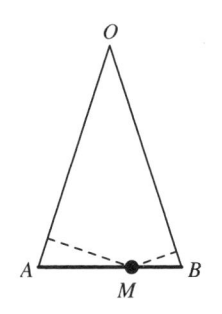

ここでは，命題 [I] と [J] の幾何学的な証明は，さして難しくはないのですが，やらないことにします．その代わり，「円と円弧の対」の命題 [F]° のように，運動の言葉を使う証明をしてみましょう．まず（12 ページの）円周上の指輪の定理を一般化する次の補題を定式化します．

補題．小さな指輪 M が，2 直線 ℓ_1, ℓ_2 の交点にかかっている．それぞれの直線が一様な並進運動をするとき，指輪 M もある直線を一様に動く．

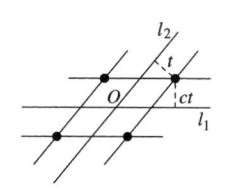

▽ この直線は，指輪の 2 つの異なる位置 M_1 と M_2 に印をつければ，作図できます．並進する 2 直線の交点は，直線 $M_1 M_2$ 上を一様に動きます．なぜなら，この交点は（指輪 M が M_1 と M_2 を通る）異なる 2 時点でこの直線と一致しているので，常に重なっていなければならないのです．△

[I] **の証明**．ある正の数 t に対して，ℓ_2 からの距離が t であり，ℓ_1 からの距離が ct である点の集合は，ℓ_1 と ℓ_2 の交点 O を中心とする平行四辺形の 4 つの頂点になっています．というのも，ℓ_2 からの距離が t である点の集合は平行な 2 直線であり（[C] を参照），ℓ_1 からの距離が ct である点の集合も平行な 2 直線なので，交点の集合は平行四辺形の 4 頂点になるわけです．

$$ct/t = c$$

なので．この 4 点は [I] の条件を満たします．

定数 t を 0 から無限大まで変化させることで，解の集合のすべての点が得られます．

t を「時間」と考えると，上でとった 4 本の直線は（ℓ_1, ℓ_2 に平行なまま）一様に動くことになります．補題から，交点（の指輪）は点 O を通る直線上を動きます．　△

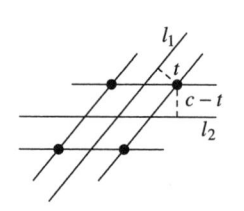

[J] **の証明**．ℓ_1 からの距離が t の 2 直線と，ℓ_2 からの距離が $t-c$ $(0 \leqq t \leqq c)$ の 2 直線を引きなさい．これら直線の 4 交点は，解の集合に含まれています．「時間」t が 0 から c まで変化するとき，各直線は一様に動き，補題から，交点で

ある 4 頂点もそれぞれある線分を動きます．$t=0$ と $t=c$ のときに対応する各線分の端点は，直線 ℓ_1 と ℓ_2 の上にあり，長方形の頂点になっています． △

さて，アルファベットの命題 B, C, I, J を含む一般的な定理を述べることにしましょう．$\rho(M,m)$ は点 M と直線 m の間の距離を表すものでした．条件

$$\lambda_1 \rho(M,\ell_1) + \lambda_2 \rho(M,\ell_2) + \cdots + \lambda_n \rho(M,\ell_n) = \mu \qquad (3)$$

を満たす**点 M の集合**を求めましょう．ここで，$\ell_1, \ell_2, \ldots, \ell_n$ は直線，$\lambda_1, \lambda_2, \ldots, \lambda_n, \mu$ は数として，与えられているとします．

全平面上で，この集合を一言で述べるのは易しくはありません．しかし，これからみていきますが，直線 $\ell_1, \ell_2, \ldots, \ell_n$ が平面を分割して得られる各領域の中では，一般に，集合 (3) はある直線の一部になります．そうした領域のひとつを Q と表しましょう．

直線からの距離の定理． 条件式 (3) を満たす Q に属する点の集合は，次のいずれかである．(1) ある直線と Q の共通部分．つまり，半直線，線分，直線全体のどれか．(2) Q 全体．(3) 空集合．

各領域における解の集合を求めることによって，(問題 **1.3** と同じように) 解の集合全体を求めます．この定理を，座標の方法を使って証明してみましょう．

▽ 直線 $\ell_1, \ell_2, \ldots, \ell_n$ によって分割されて得られるある平面領域 Q 上で，解の集合の点を求めたいとします．平面領域 Q は，各直線 $\ell_1, \ell_2, \ldots, \ell_n$ を境界とする n 枚の半平面の共通部分と考えることができます．

直線 ℓ_k の方程式 $a_k x + b_k y + c_k = 0$ を，上述の半平面が $a_k x + b_k y + c_k \geq 0$，$a_k^2 + b_k^2 = 1$ と表されるように選ぶことができます ?. すると，この半平面上の点 $M(x,y)$ に対しては，$\rho(M, \ell_k) = a_k x + b_k y + c_k$ となります[1])．

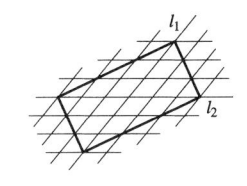

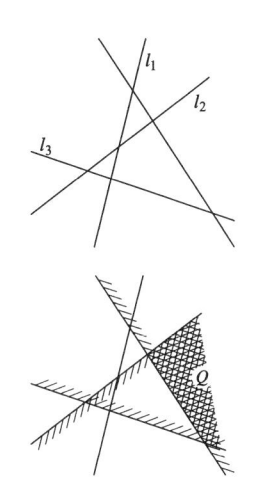

---

[1]) 訳註：付録 A の第 5 項参照．

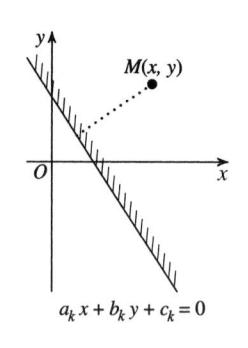

$\lambda_1 \rho(M, \ell_1) + \lambda_2 \rho(M, \ell_2) + \cdots + \lambda_n \rho(M, \ell_n)$ という量を座標を使って書くためには，$\lambda_k a_k x + \lambda_k b_k y + \lambda_k c_k$ という形の 1 次式をいくつか足し合わせなければなりません．その結果，条件式 (3) は，

$$ax + by + c = 0$$

という形の 1 次方程式によって表示されることになります．

この方程式は，$a^2 + b^2 \neq 0$ であれば直線を表し，$a = b = 0$ であれば全平面か空集合かを表します． △

問題 **2.14** を用いて（26 ページの）距離の 2 乗の定理に帰着させることで，この定理の別証明を得ることができます🔳．

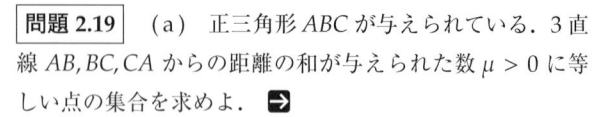

問題 2.19　(a)　正三角形 ABC が与えられている．3 直線 AB, BC, CA からの距離の和が与えられた数 $\mu > 0$ に等しい点の集合を求めよ． ➡

(b)　長方形 $ABCD$ が与えられている．4 直線 AB, BC, CD, DA からの距離の和が定数 μ に等しい点の集合を求めよ．

問題 2.20* 　(a)　3 本の直線 ℓ_0, ℓ_1, ℓ_2 が 1 点で交差している．どの 2 本の直線のなす角度も 60° である．条件

$$\rho(M, \ell_0) = \rho(M, \ell_1) + \rho(M, \ell_2)$$

を満たす点 M の集合を求めよ．

(b)　正三角形 ABC が与えられている．3 直線 AB, BC, CA のどれかからの距離が，残りの 2 直線からの距離の和の半分であるような点の集合を求めよ． ➡

2.4　アルファベットの全体

何らかの条件を満たす点の集合は，次のような記法で表されます；中括弧 { } の中で最初に書かれている文字は，その集合の任意の点を示します．（本書では通常，M という

文字を使いますが，どんな文字でも構いません．）次にコロン：を置き，その後に点集合を決定する条件を置きます．

ここで，アルファベットをまとめておきましょう．

- A. $\{M : |MA| = |MB|\}$
- B. $\{M : \rho(M, \ell_1) = \rho(M, \ell_2)\}$
- C. $\{M : \rho(M, \ell) = h\}$
- D. $\{M : |MO| = r\}$
- E. $\{M : \angle AMB = \varphi\}$
- F. $\{M : |AM|^2 - |MB|^2 = c\}$
- G. $\{M : |AM|^2 + |MB|^2 = c\}$
- H. $\{M : |AM|/|MB| = k\}$
- I. $\{M : \rho(M, \ell_1)/\rho(M, \ell_2) = k\}$
- J. $\{M : \rho(M, \ell_1) + \rho(M, \ell_2) = c\}$

E以外のアルファベットの命題は，A, D, F, G, Hと B, C, I, Jとの，2つの組に分けられることができます．

前の組は集合

$$\{M : \lambda_1|MA_1|^2 + \lambda_2|MA_2|^2 + \cdots + \lambda_n|MA_n|^2 = \mu\}$$

の，後ろの組は集合

$$\{M : \lambda_1\rho(M, \ell_1) + \lambda_2\rho(M, \ell_2) + \cdots + \lambda_n\rho(M, \ell_n) = \mu\}$$

の特殊な場合になっています．

第6章で，アルファベットに次の4つの「文字」が追加されます．

- K. $\{M : |MA| + |MB| = c\}$
- L. $\{M : ||MA| - |MB|| = c\}$
- M. $\{M : |MA| = \rho(M, \ell)\}$
- N. $\{M : |MA|/\rho(M, \ell) = c\}$

これらの集合は，楕円と双曲線と放物線になります．これらの曲線は自然に，**2次曲線**とよばれるグループにまとめられます．

第3章
論理的組合せ

本章では，原則として，複数の幾何学的条件の組合せを含むいろいろな問題を集めました．問題を解くことで，点を分類し，諸条件の間の論理的関係を集合に関する操作と考えることを学んでいきます．

3.1　1点を通る

最初の数題では，幾何学の伝統的な題材に触れることにします．アルファベットの集合を用いた簡単な操作を使って，三角形の特別な点についての定理を証明します．議論で使われる論理はすべて，等号の推移性，つまり

$$a = b \text{ かつ } b = c \text{ ならば } a = c$$

であることによっています．

問題 3.1　$\triangle ABC$ において，各辺の垂直二等分線は，1点で交わる．その交点は三角形の外接円の中心（**外心**）である．

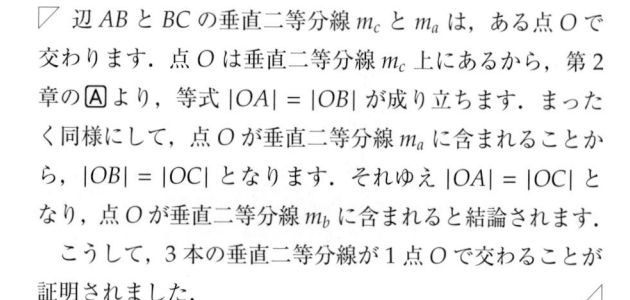

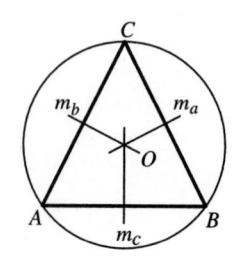

▽ 辺 AB と BC の垂直二等分線 m_c と m_a は，ある点 O で交わります．点 O は垂直二等分線 m_c 上にあるから，第 2 章の A より，等式 $|OA| = |OB|$ が成り立ちます．まったく同様にして，点 O が垂直二等分線 m_a に含まれることから，$|OB| = |OC|$ となります．それゆえ $|OA| = |OC|$ となり，点 O が垂直二等分線 m_b に含まれると結論されます．

こうして，3 本の垂直二等分線が 1 点 O で交わることが証明されました． △

問題 3.2　三角形 ABC の 3 本の高さ[1]は，1 点で交わる．その交点は，三角形の**垂心**と呼ばれる．

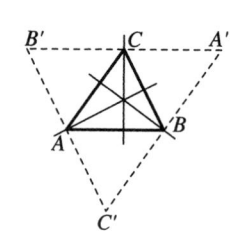

▽ 三角形の各頂点ごとに，その頂点を通り，対辺に平行な直線を引きます．これらの 3 直線は，新しい $\triangle A'B'C'$ を作ります．3 点 A, B, C は新 $\triangle A'B'C'$ の辺の中点なので，$\triangle ABC$ の 3 本の高さは辺 $A'B', B'C', C'A'$ の垂直二等分線になっています．それゆえ，問題 3.1 によって，3 直線は 1 点で交わります． △

問題 3.1 の真似をして，問題 3.2 の別証明をやってみましょう．

▽ それぞれの高さを適当な条件を満たす点の集合と考えるために，アルファベット F の命題を使います．
集合
$$\{M : |MA|^2 - |MB|^2 = d\}$$
が AB に垂直な直線であることがわかっています．d をこの直線が頂点 C を含むように選ぶには，$d = |CA|^2 - |CB|^2$ とおくことになります．つまり，直線
$$h_c = \{M : |MA|^2 - |MB|^2 = |CA|^2 - |CB|^2\}$$
は頂点 C から三角形に下ろした高さを含みます．

同様にして，三角形の残りの 2 本の高さを含む直線
$$h_a = \{M : |MB|^2 - |MC|^2 = |AB|^2 - |AC|^2\},$$

---

[1]　[英訳註] 三角形の**高さ**とは，頂点を通り，その対辺に垂直な直線のことである．[訳註] また，頂点と垂線の足までの線分を表すことも，その長さを表すこともあり，それらが混同して使われることも少なくない．

$$h_b = \{M : |MC|^2 - |MA|^2 = |BC|^2 - |BA|^2\}$$

を考えることができます.

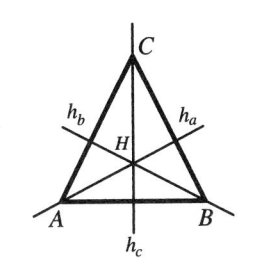

2 直線 h_c と h_a が,点 H で交わるとすると,M はこの点で一致するので,等式

$$|HA|^2 - |HB|^2 = |CA|^2 - |CB|^2,$$
$$|HB|^2 - |HC|^2 = |AB|^2 - |CA|^2$$

が成り立ちます.

両式を辺々足せば,

$$|HA|^2 - |HC|^2 = |AB|^2 - |CB|^2$$

となり,それゆえ,点 H も残りの直線 h_b に含まれます. △

問題 3.3　△ABC の 3 つの頂角の二等分線は,内接円の中心 (**内心**) という 1 点で交わる.

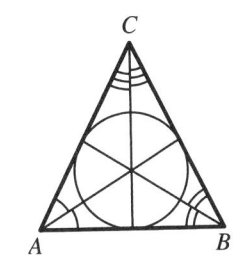

▽ a, b, c を,三角形の辺を延長した直線とします.頂角 A, B の二等分線 ℓ_a, ℓ_b は,(三角形の内部の) ある点 O で交わらなければなりません.点 O に対して,等式

$$\rho(O, b) = \rho(O, c) \quad \text{かつ} \quad \rho(O, a) = \rho(O, c)$$

が成立します (**B** の定理から従います).

それゆえ $\rho(O, b) = \rho(O, a)$ となり,点 O は三角形の頂角 C の二等分線 ℓ_c に含まれます. △

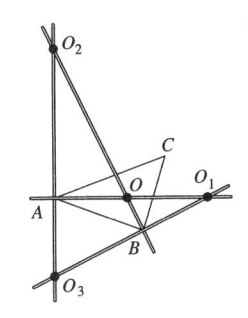

注意. 平面上の点 M で,$\rho(M, c) = \rho(M, b)$ と $\rho(M, a) = \rho(M, c)$ を満たす点の集合は,2 本の十字二等分線の交点である O, O_1, O_2, O_3 の 4 点からなります.問題 **3.3** の解と同じ理由で,第 3 の (直線 a と b の) 十字二等分線がこれらの点を通ることがわかります.

以上で,三角形の内角および外角を二等分する 6 本の分線は,4 点で 3 重に交わることがわかりました.交点の 1 つは内接円の中心 (**内心**) であり,残りの 3 点はいわゆる**傍接円**の中心 (**傍心**) です.

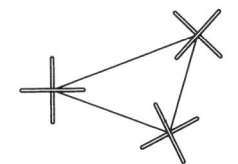

任意の鋭角三角形 $O_1O_2O_3$ において,頂点から各辺に下ろした高さの足を A, B, C とすると,O_1, O_2, O_3 は △ABC

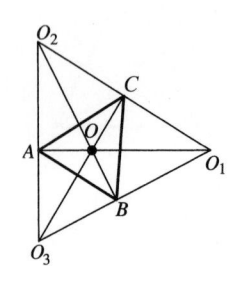

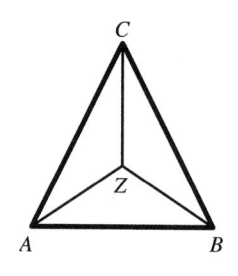

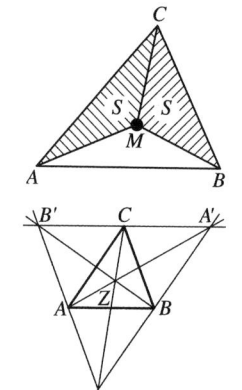

の傍接円の中心になっています．したがって，$\triangle O_1O_2O_3$ の高さは $\triangle ABC$ の頂角の二等分線です．

問題 3.4 三角形の3本の中線は1点（三角形の**重心**）で交わる．

この定理は何通りかの方法で証明することができます．

ここで与える最初の証明は，三角形の「重心」という言葉の説明になっています．

▽ 三角形 ABC の頂点のそれぞれに同じ質量（たとえば1g）の質点 W_A, W_B, W_C を置いて，重心の位置を求めてみましょう．2つの質点 W_A と W_B の重心は線分 AB の中点にあります．それゆえ，重心 Z は対応する中線上にあります．同様にして，Z が残りの2本の中線上にあることが示せます．それゆえ，3本の中線はすべて点 Z で交わります．△

上述の3つの証明と同じ方針に沿った証明も与えておきましょう．

▽ 三角形 ABC が与えられたとします．3つの頂点 A, B, C から下ろした三角形の中線の点は，それぞれ条件

$$S_{AMB} = S_{CMA} \tag{1}$$

$$S_{AMB} = S_{BMC} \tag{2}$$

$$S_{BMC} = S_{CMA}$$

を満たしています（問題 **2.17** を参照）．

3番目の条件式がその前の2式から導かれることは明らかなので，中線は1点 Z で交わることになります．△

注意．問題 2.17 によれば，等式 (1) という条件を満足する点の集合は，「十字中線」と呼ばれる直線の対でした．こうして，直線対の3つの集合は，4点 Z, A', B', C' で交わります．この三角形 $A'B'C'$ は，高さに関する問題 **3.2** の定理の最初の証明で考えた三角形に他なりません．

問題 3.5 (a) 3つの円が与えられたとき，それぞれの円対に対する3本の根軸は，ある1点を通るか，もしくは平行であることを証明せよ（問題 **2.9** を参照）．

(b) 3つの円が，円のどの対に対しても交わっているなら，円対それぞれに対し，共通弦（またはその延長線）はある1点を通るか，もしくは平行であることを証明せよ．➡

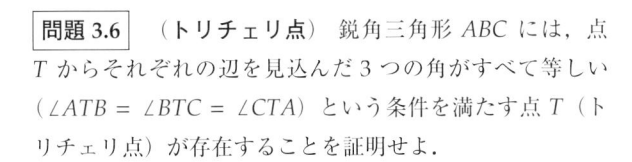

問題 3.6 （トリチェリ点）鋭角三角形 ABC には，点 T からそれぞれの辺を見込んだ3つの角がすべて等しい（$\angle ATB = \angle BTC = \angle CTA$）という条件を満たす点 T（トリチェリ点）が存在することを証明せよ．

問題 3.7 与えられた底辺 AB に対する頂角が φ に等しい，あらゆる三角形を考える．そのとき

(a) 中線の交点，
(b) 角の二等分線の交点，➡
(c) 高さの交点 ➡

が作る集合を求めよ．

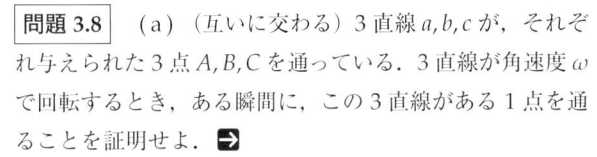

問題 3.8 （a）（互いに交わる）3直線 a, b, c が，それぞれ与えられた3点 A, B, C を通っている．3直線が角速度 ω で回転するとき，ある瞬間に，この3直線がある1点を通ることを証明せよ．➡

(b) 三角形 ABC の外接円の，直線 AB, BC, CA に関して対称な3つの円は，ある1点（三角形 ABC の垂心）を通ることを証明せよ．➡

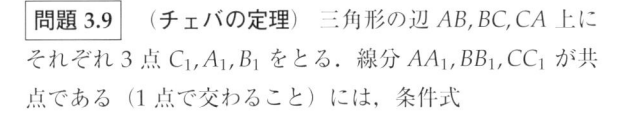

問題 3.9 （チェバの定理）三角形の辺 AB, BC, CA 上にそれぞれ3点 C_1, A_1, B_1 をとる．線分 AA_1, BB_1, CC_1 が共点である（1点で交わること）には，条件式

$$\frac{|AC_1|}{|C_1B|} \cdot \frac{|BA_1|}{|A_1C|} \cdot \frac{|CB_1|}{|B_1A|} = 1$$

が成り立つことが必要十分であることを証明せよ．➡

問題 3.10 与えられた三角形 ABC の辺 AB, BC, CA 上にある3点 C_1, A_1, B_1 から，それぞれの辺に垂線を引く．こ

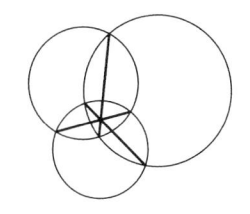

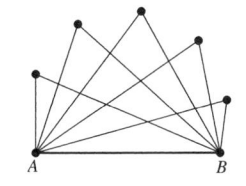

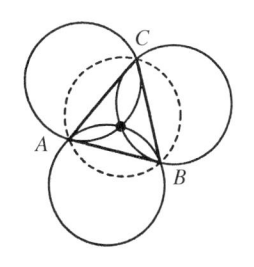

の 3 本の垂線が共点であるには，条件式

$$|AC_1|^2 + |BA_1|^2 + |CB_1|^2 = |AB_1|^2 + |BC_1|^2 + |CA_1|^2$$

が成り立つことが必要十分であることを証明せよ．

3.2 共通部分と和集合

今後いつも使うことになる，基本的な操作を導入しておきましょう．

2 つ以上の点集合が与えられたとします．そのすべての集合に同時に含まれるような点全体が作る集合を，これらの集合の**共通部分**（または**交わり**）と言います．与えられた集合の少なくとも 1 つに含まれている点全体が作る集合を，これらの集合の**和集合**（または**合併**）と言います．

同時に複数の条件を満足する点を求める問題を考えるときには，個々の条件を満足する点の集合を別々に求め，その後で求めた集合の共通部分をとります．代数的な問題でも同じような状況が出てきます．方程式系

$$\begin{cases} f_1(x) = 0 \\ f_2(x) = 0 \end{cases}$$

の解集合は，この系の中の個々の方程式の解集合の共通部分になっています．

複数の条件のうち**少なくとも 1 つ**の条件を満たす点を求める問題の場合は，条件を個々に満足する点の集合を求めてから，求めた集合の和集合をとります．これは，たとえば，

$$f(x) = f_1(x)\, f_2(x)$$

と因数分解される左辺が方程式 $f(x) = 0$ を解くときに，していることです．つまり，方程式 $f_1(x) = 0$ と $f_2(x) = 0$ の解集合を求め，その後で和集合をとるのです．

代数的な問題との連想を引き起こすような概念には，他にも「領域の分割」があります．不等式 $f(x) > 0$ もしくは $f(x) < 0$ を解くには，普通は対応する方程式 $f(x) = 0$ を解

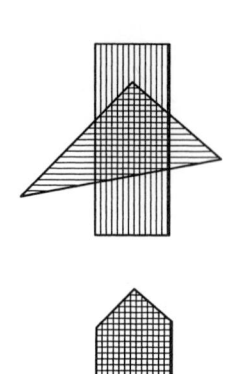

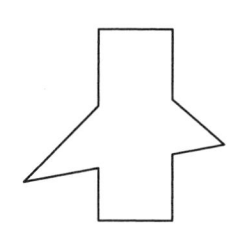

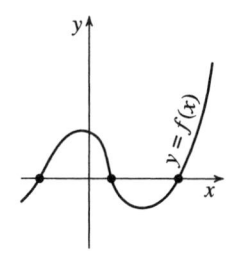

けば十分なのです．その解の点は，関数 f の定義域（区間もしくは直線全体）を，その関数の符号が変わらないようないくつかの部分に分けます．まったく同様に，いろいろな不等式が成立する平面上の点の集合は，通常，対応する方程式を満足する曲線で囲まれた領域になります．こういうタイプの簡単な例は，第 2 章ですでにたくさん出てきています．

次の問題では，もっと複雑な集合の分割と組合せが出てきます．

問題 3.11 平面上に 2 点 A, B が与えられている．三角形 AMB が

(a) 直角三角形,
(b) 鋭角三角形,
(c) 鈍角三角形

となるような点の集合を求めよ．

▽ (a) 三角形 AMB は，(1) $\angle AMB = 90°$, (2) $\angle BAM = 90°$, (3) $\angle ABM = 90°$ のいずれかの条件が成立するとき，直角三角形になります．

したがって，求める集合は，(1) $|AB|$ を直径とする円，(2) 点 A を通り線分 AB に垂直な直線 ℓ_A, (3) 点 B を通り線分 AB に垂直な直線 ℓ_B という 3 つの集合の和集合になります．

この和集合から，線 AB の 2 点 A, B を除いておかなければいけません．AMB はその 2 点では「退化」して三角形にならないからです． △

▽ (b) 三角形 AMB は，(1) $\angle AMB < 90°$, (2) $\angle BAM < 90°$, (3) $\angle ABM < 90°$ という 3 条件を同時に満たせば，鋭角三角形になります．

それゆえ，求める集合は次の 3 つの集合の共通部分になります．(1) $|AB|$ を直径とする円の外部（第 2 章の命題 D を参照），(2) ℓ_A を境界にもち点 B を含む半平面（から境界線 ℓ_A を除いたもの），(3) ℓ_B を境界にもち点 A を含む半平面（から境界線 ℓ_B を除いたもの）．

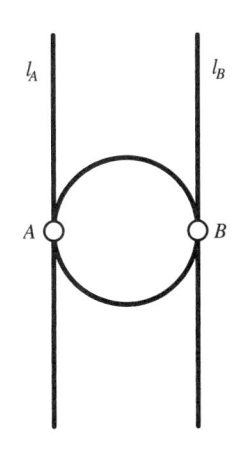

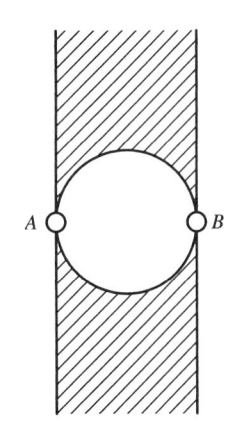

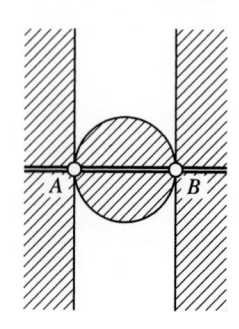

これらの共通部分は，直線 ℓ_A, ℓ_B に挟まれた帯状領域から，$|AB|$ を直径とする円を除いたものになります．△

▽ (c) 平面上の（直線 AB 上にない）任意の点 M に対して，(a) $\triangle AMB$ が直角三角形，(b) $\triangle AMB$ が鋭角三角形，(c) $\triangle AMB$ が鈍角三角形という 3 条件のどれかが成り立っているし，さらに，この 3 条件は互いに排他的であることにも注意しましょう．それゆえ，(a) にも (b) にも含まれないような平面上の点は，すべて (c) に含まれていなければなりません．この集合は，円板（円周を含まない円の内部領域）[2]）と 2 つの半平面との和集合（から線分 AB を除いたもの）になります．△

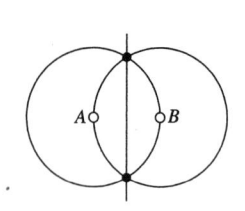

問題 3.12　平面上に 2 点 A, B が与えられている．
(a) 三角形 AMB が二等辺三角形，
(b) 辺 AB が三角形 AMB の最長辺，
(c) 辺 AM が三角形 AMB の最長辺

となるような点 M の集合を求めよ．

問題 3.13　辺の長さが 1 の正方形が平面上に与えられている．平面上のある点がこの正方形のどの頂点からも 1 以下の距離にあるなら，正方形のあらゆる辺からその点への距離は 1/8 以上である．

▽ 正方形の 4 つの頂点のどれからの距離も 1 以下であるような点 M の集合は，頂点を中心とし半径が長さ 1 であるような 4 つの円の共通部分です．これは 4 本の円弧で囲まれた領域であり，正方形の内部に含まれています．この領域は 4 つの「頂点」をもっており，各頂点からもっとも近い辺までの距離は $1 - \dfrac{\sqrt{3}}{2}$ です．この数が 1/8 より小さいことは，

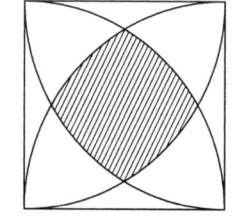

$$1 - \frac{\sqrt{3}}{2} > \frac{1}{8} \iff \frac{7}{8} > \frac{\sqrt{3}}{2} \iff \frac{49}{16} > 3$$

とすれば確かめられます．

---

[2]）[訳註] 区間のときを真似て，円周を含んでいないこの場合を**開円板**，円周を含んでいる場合を**閉円板**と言って区別することがある．

こうして明らかに，この集合のすべての点から正方形の各辺への距離は 1/8 よりも大きいことになります． △

問題 3.14 点 O を通る 3 直線が，平面を 6 つの合同な角領域に分けているとする．点 M がどの直線とも 1 以下の距離にあるなら，距離 $|OM|$ は $7/6$ 以下である．

問題 3.15 正方形 $ABCD$ が与えられたとき，直線 BC, CD, DA よりも直線 AB に近い点の集合を求めよ．

問題 3.16 $\triangle ABC$ が与えられたとき，平面上の点 M で，$\triangle AMB, \triangle BMC, \triangle CMA$ の面積がどれも $\triangle ABC$ より小さくなるものの集合を求めよ．

問題 3.17 任意の凸四辺形 $ABCD$ の辺を直径とする 4 つの円を描く．この 4 個の円が四辺形全体を覆うことを証明せよ．

▽ 4 円の外側の点 M が，四辺形の内部に存在すると仮定しましょう．第 2 章の命題 E によると，$\angle AMB, \angle BMC, \angle CMD, \angle DMA$ はすべて鋭角であり，したがって，その和は $360°$ より小さくなるけれど，そういうことは起こりません． △

問題 3.18* 面積 S, 周長 P の凸多角形の形をしている森がある．森の中で，森の辺からの距離が S/P より大きい点を見つけることができることを証明せよ．→

問題 3.19 (a) 平面上に正方形 $ABCD$ が与えられている．$\angle AMB = \angle CMD$ となる点 M の集合を求めよ．
(b)* 辺の長さが 1 の正方形の内部に n 個の点がある．それらの中に，互いの距離が $2/\sqrt{\pi n}$ より小さい 2 点があることを証明せよ．→

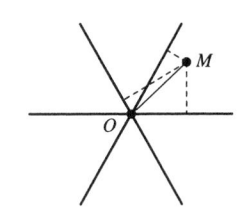

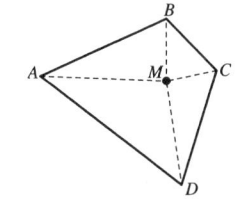

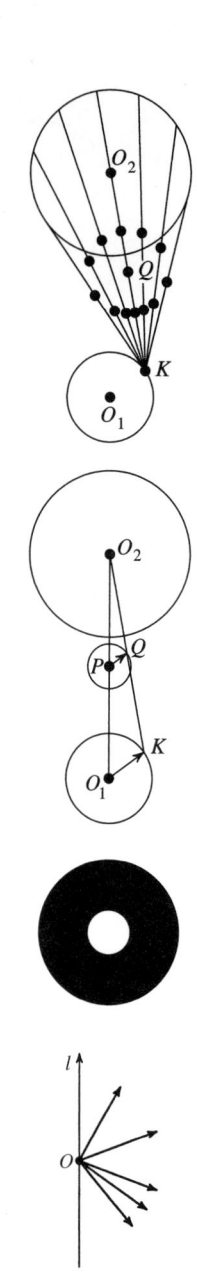

以下の問題では，無限個の集合の和集合を考えることになります．

問題 3.20 （a） 点 O が与えられている．点 O から 5 の距離に中心がある半径 3 の円の族と，O から 3 の距離に中心がある半径 5 の円の族を考える．前者の円の族の和集合が，後者の和集合と一致することを証明せよ．

（b） 端点の一方が与えられた円上にあり，もう一方の端点が他の定円上にあるような線分の中点の作る集合を求めよ．

▽ （b） 与えられた 2 円の半径をそれぞれ r_1, r_2，中心を O_1, O_2 とします．最初に，1 番目の円上の点 K を固定し，端点の一方が点 K であるような線分の中点が作る集合を求めましょう．この集合は，明らかに，線分 KO_2 の中点 Q を中心，半径を $r_2/2$ とする円になります．（この円は，中心が K で係数が $1/2$ の相似変換を，円 (O_2, r_2) に施すことで得られます．）点 Q は，線分 $O_1 O_2$ の中点 P から $r_1/2$ の距離にあります．

点 K が円 (O_1, r_1) の周上を動けば，点 Q は中心が P で半径 $r_1/2$ の円周上を動きます．こうして，求める集合は，中心が P で半径 $r_1/2$ の円周上に中心があるような半径 $r_2/2$ の円周すべての和集合になります．

この無限個の円周の和集合は図に見られるようなものになります．

結論として，問題の条件を満足するすべての点の集合は，外径が $(r_1 + r_2)/2$，内径が $|r_1 - r_2|/2$ である円環になります．$r_1 = r_2$ のとき，この集合は円になります． △

問題 3.21 点 O がある半平面の境界をなす直線 ℓ 上にある．この半平面の中で，点 O を始点とする n 本の長さ 1 のベクトルを描く．n が奇数のとき，すべてのベクトルの和の長さが 1 以上であることを証明せよ． ➡

問題 3.22 周囲をぐるっと牧草地で囲まれた村 A を，まっすぐな道が通っている．この道では 5 km/h の速さで，牧

草地では 2 km / h で，歩くことができる．A を出発して 1 時間歩いたときに到達可能な点全体が作る集合を求めよ．

3.3 チーズの問題

問題 3.23　穴がいくつか開いている正方形のチーズを切り分けて，それぞれの部分が凸であり，穴を 1 つだけ含むようにすることは，常に可能だろうか？

数学的に定式化すれば，この問題は次のようになります．

正方形の内部に，複数の円が互いに交差しないように置かれている．この正方形を凸多角形に分割し，それぞれの内部に円をちょうど 1 つ含むようにすることは，常に可能か？（多角形が凸であるとは，多角形内の任意の 2 点を結ぶ線分が多角形にすっぽりと含まれるときにいうのであった．）

▽ 常に可能であるというのが答になります．円の個数がさほど多くない場合に考えれば，簡単に正方形を凸多角形に分割できます．しかし，一般的な証明をするには，任意個数の円の任意な配置に対して適用可能な，正方形の分割法を与えなければなりません．

最初に，**すべての円の半径が等しい**という少し単純な場合を考えてみましょう．正方形を分割する方法を，まずは簡潔に，1 つの文章で述べてみます．

それぞれの円に対し，他の円よりその円に近い，正方形の点をくっつけなさい．こうして得られる集合が，求める凸多角形になるのです？．

もう少し詳しく説明しましょう．与えられている円の中心を $C_1, C_2, \ldots, C_n$ とします．中心 C_i をとります．C_i からの距離が，他のどの中心 C_j からの距離よりも大きくない点の集合を求めてみましょう．（j を固定すると）C_j より C_i に近いような平面上の点の作る集合は，線分 $C_i C_j$ の垂直二等分線を境界にもつ半平面です（A を参照）．ここで問題にしたいのは，他のどんな中心よりも C_i に近い点，つまり，C_j ($j \neq i$) に対応する半平面のどれにも含まれている

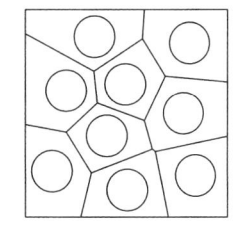

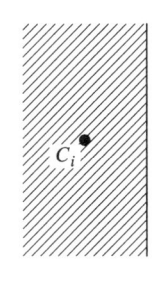

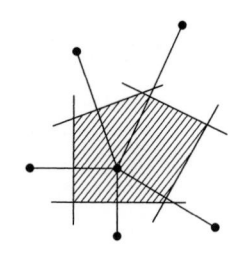

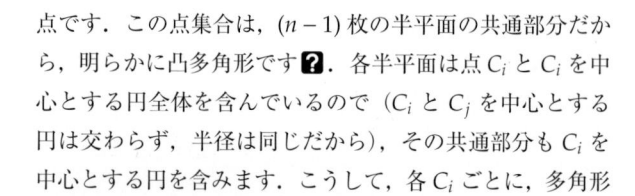

点です．この点集合は，$(n-1)$ 枚の半平面の共通部分だから，明らかに凸多角形です🔲．各半平面は点 C_i と C_i を中心とする円全体を含んでいるので（C_i と C_j を中心とする円は交わらず，半径は同じだから），その共通部分も C_i を中心とする円を含みます．こうして，各 C_i ごとに，多角形

$$\{M : すべての j (\neq i) に対して |MC_i| \leq |MC_j|\}$$

が存在します．明らかに，これらの多角形は正方形全体を分割するし，共通の内点はありません．ある点 M がどの多角形に含まれるかを決定するには，「点 M にどの中心 C_i がもっとも近いか？」という問いに答えればよいわけです．「点 M にもっとも近い」中心が 2 つ以上あるのなら，点 M は対応する垂直二等分線の上にあるので，結局，多角形の間の境界線（つまり分割線）の上にあることになります．こうして，正方形は，それぞれがちょうど 1 つの円を含む凸多角形に分割されたのです．

面白い例として，**円の中心が相似な平行四辺形が作る網目の結節点になっている**場合を考えましょう．

上でやった分割法は，次のように簡単に述べることができます．

網目のすべての平行四辺形に対して，短い方の対角線を引きます．そうしますと，同じ結節点をもつ，相似な鋭角三角形からなる，網目ができます．それぞれの三角形の内部で，辺の垂直二等分線を引きます．こうして得られる六角形が，正方形の求める分割を与えることになります．以上で，すべての円の半径が等しい場合には，問題 **3.23** の解析が終わりました．

円の半径が異なる一般の場合は，次のようにして正方形を分割することができます．

どの円に対しても外側にある各点から，すべての円に接線を引きます．円 γ に対応する集合は，円 γ と，円 γ への接線の長さ[3]が残りのどの円への接線の長さよりも小さい点の全体からなるものになります．この集合は，円 γ を含

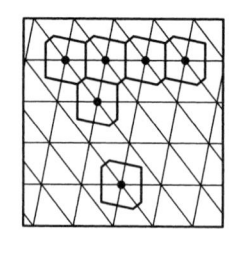

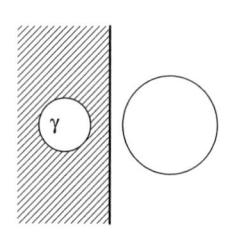

---

[3] ［訳註］もちろん，その点から接点までの線分の長さのこと．

むいくつかの半平面の共通部分です．これらの半平面の境界は，円 γ とそれ以外の円それぞれとの根軸です（問題 **2.9** と **3.5** を参照）．このようにして，正方形全体は，共通の内点をもたず，それぞれが円を 1 つずつ含むような，凸多角形の和集合として表されます． □

第4章
最大と最小

　本章は何かしらの量の最大値と最小値に関する非常に単純な練習問題から始まりますが，章の終りには，複雑な研究課題になります．最大・最小問題は，解析的に与えられた関数を調べることに帰着されることが多いのですが，ここでは，幾何学的考察のほうがより効果的であるような問題を集めてみました．同じような問題を解くにあたって，いろいろな点集合がどのように用いられるかをみていきます．

問題 4.1　ボートで川を横切るとき，流れに運ばれる距離をできるだけ短くするためには，川岸に対してボートをどれくらいの角度に向ければよいか？　ただし，流れの速さは 6 km/h，ボートの速さは静水に対し 3 km/h とする．

▽ **答**：60°の角度．ボートの方向は，その絶対速度（岸に対する速度）のベクトルが岸に対して最大の角をなすようにとらなければなりません[1]　❓（図を参照）．$\overrightarrow{OA}$ を川の流

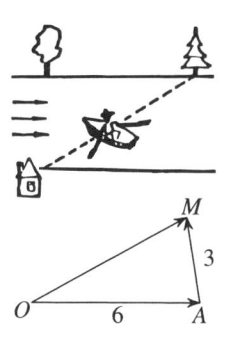

---

[1] ［訳註］∠AOM を最大にするということ．

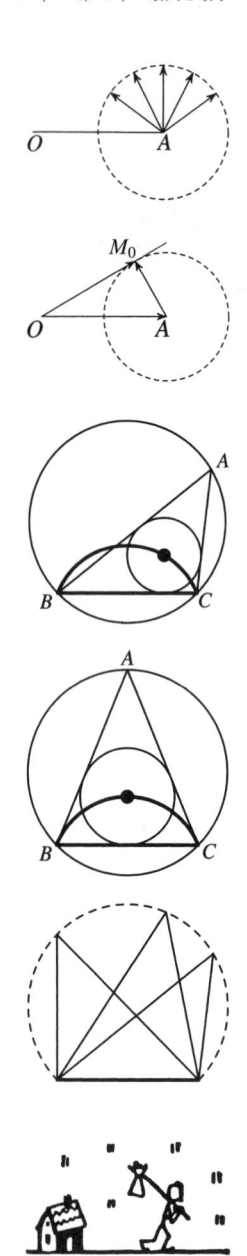

れの速度ベクトル，$\overrightarrow{AM}$ を水面に対する相対的なボートの速度ベクトルとします．和 $\overrightarrow{OA} + \overrightarrow{AM} = \overrightarrow{OM}$ はボートの絶対速度を表しています．ベクトル $\overrightarrow{AM}$ の長さは 3 ですが，向きは自由にとることができます．点 M のとり得る位置が作る集合は中心 A で半径 3 の円なので，すべてのベクトル $\overrightarrow{OM}$ のうち，岸に対して最大角をもつのは，円に接する方向に沿ったベクトル $\overrightarrow{OM_0}$ になります．

直角を挟む辺の 1 つの長さが斜辺の半分であるような直角三角形が得られました．このような角度は 60° になります． △

問題 4.2 底辺 BC と $\angle A = \varphi$ が一定である三角形の中で，内接円の半径が最大になるものを求めよ．

▽ 直線 BC の片側にあって，$\angle BAC = \varphi$ を満たす点 A を考えます．△ABC の内接円の中心が作る集合は，B, C を端点とするある円弧になります（問題 **3.7b** 参照）．二等辺三角形が最大半径の内接円をもつことは，明らかです． △

問題 4.3 与えられた底辺と頂角をもつすべての三角形の中で，面積が最大になるものを求めよ．

問題 4.4 2 人の人が互いに直交する 2 本の道を歩いている．歩く速さは，1 人が u で，もう 1 人が v とする．前者が交差点を通り過ぎたとき，後者はその手前 d キロメートルの地点にいた．
2 人の間の距離の最小値は？ →

問題 4.5 周囲をぐるっと牧草地で囲まれた村 A を，まっすぐな道が通っている．この道では 5 km/h の速さで，牧草地では 2 km/h で，歩くことができる．
村からは 13 km，道からは 5 km の距離の場所にある丸太の家 B まで，最短時間で歩くには，どのような道筋をとればよいか？

問題 4.6 交差している 2 個の円が与えられている．交点 A を通る直線 ℓ を引き，ℓ と円との（A 以外の）2 交点間の距離が最大になるようにせよ．→

問題 4.7 平面上に点 O が与えられている．ある正三角形の頂点の 1 つが点 O から距離 a のところにあり，2 つ目の頂点が距離 b のところにある．点 O から第 3 の頂点までの最大距離はいくつか？

▽ 答は $a+b$ です．$\triangle AMN$ を，$|OA| = a$ かつ $|ON| = b$ である正三角形とします．この問題を解くには，点 A を定点として固定した三角形だけを考えても構いません．というのも，三角形を剛体として点 O のまわりを回転させても，O との距離は変わらないからです．こうして，点 A は O から距離 a のところに固定されており，N は中心 O で半径 r の円周上にあると考えます．点 M はどのような位置を占めるでしょうか？ その答は，すでに問題 **1.9** で求められているのです．つまり，M は上の円周を点 A のまわりに $60°$ 回転した円周上にあります[2]．（$\triangle OO'A$ が正三角形なので）回転された円の中心 O' は明らかに，点 O から距離 a にあり，半径はもとの円と同じ b になっています．したがって，第 3 の頂点 M の O からの距離の最大値は $a+b$ になります． △

この問題から，「平面上の任意の点と正三角形のある頂点との距離は，他の 2 頂点との距離の和より大きくない」という面白い系が導かれます．

問題 4.8 定点 O と正方形 $AKMN$ が

(a) $\qquad |OA| = |ON| = 1$

(b) $\qquad |OA| = a, \quad |ON| = b$

のどちらかの条件を満たすとき，頂点 M と O との最大距離はどうなるか？

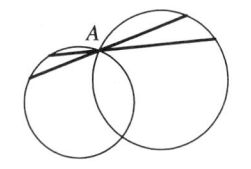

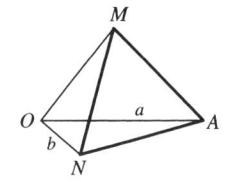

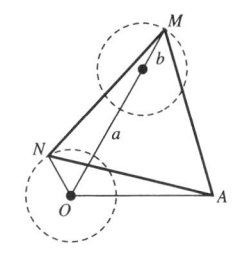

---
[2] ［原註］時計廻りと反時計廻りに回転して得られる 2 つの円のどちらとしても構わない．どちらの円も O から同じ距離にあるのだから．

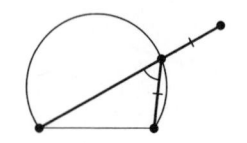

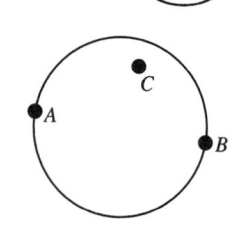

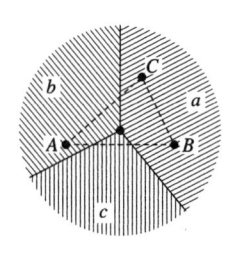

問題 4.9　与えられた底辺と頂角をもつすべての三角形の中で，最大の周長をもつものを求めよ．→

4.1 どこに点を置くべきか？

問題 4.10　猫は，3つのネズミの穴 A, B, C があるのを知っている．3つのうちで一番遠くの穴までの距離を最小にするには，猫はどこに座ればよいか？

▽ 点 A, B, C を中心とし，半径が r の3つの円を考えます．求める点 K（猫の居場所）は，次のようにして決まります．3つの円**内**領域が重なる，つまり，3つの円が共通点をもつような最小の半径 r_0 を求めましょう．この共通点が求める点 K になります．というのも，他の任意の点 M は，どれかの円の外側にありますので，どれかの頂点からの距離が r_0 より大きくなるからです．

△ABC が鋭角（または直角）三角形の場合には点 K は外心になり，直角三角形または鈍角三角形の場合には点 K は最長辺の中点になります．△

▽ 点 K は，次のようにしても求めることができます❓．3つの点をすべて囲い込むような最小半径の円を考えれば，点 K はその円の中心になります．△

問題 4.10 を解くために，別のアプローチをしてみましょう．

▽ 平面を，次の3つの点集合に分けます．

(a) $\{M : |MA| \geq |MB|$ かつ $|MA| \geq |MC|\}$,
(b) $\{M : |MB| \geq |MA|$ かつ $|MB| \geq |MC|\}$,
(c) $\{M : |MC| \geq |MB|$ かつ $|MC| \geq |MA|\}$.

この3つの平面領域は，△ABC の3辺の垂直二等分線を境界にしています．猫 M が領域 (a) に座っていれば，頂点 A が一番遠くになります．領域 (b) のときは B，領域 (c) のときは C が，もっとも遠くの頂点になっています．

△ABC が鋭角三角形のときには，上述の3つの場合のいずれであっても，猫にとってもっともよいのは，対応する

領域（(a), (b), (c)）の「頂点」に座ることで，それはつまり，猫が外心に座るべきだということです．

△ABC が直角三角形か鈍角三角形のときなら，三角形の最長辺の中点に座ることが猫にとって一番よいのは，明らかです． △

問題 4.11　3 本の直線状の鉄道の線路に囲まれた森の中に，熊が住んでいる．一番近い線路までの距離を最大にするには，森のどこに巣穴を作るべきか？

問題 4.12*　(a)　3 匹のワニが円形の湖の中に住んでいる．湖の各点から一番近いワニまでの距離の最大値を考えて，それを最小にするには 3 匹はどこにいればよいか？ ➡

(b)　ワニが 4 匹のときに同じ問題を解け．➡

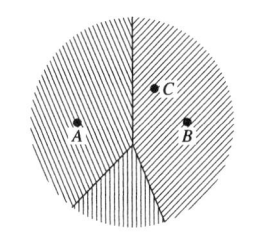

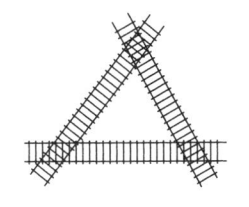

4.2　モーターボートの問題

問題 4.13*　小さな島に，サーチライトが設置されている．その光線は，$a = 1$ km までの海面を照らし出す．このサーチライトが，$T = 1$ 分の間に 1 回転する速さで，ある垂直な軸のまわりを一様に回転している．サーチライトの光線に捉えられないで，速さ v で走るモーターボートがこの島に行かねばならない．そのために必要な最小の速さ v を求めよ．

▷　サーチライトの光線によって照らし出される半径 a の円を「探知円」と呼ぶことにしましょう．明らかに，モーターボートにとって一番望ましいのは，サーチライトの光のビームが点 A を通り過ぎた直後に，そこから探知円に侵入することです．

モーターボートがまっすぐに島に向かうのであれば，a/v 時間で島に到着します．この時間内にサーチライトのビームがモーターボートを捉えないようにするには，ビームがこの時間内で 1 回転してしまわないこと，つまり，不等式 $a/v < T$ が成り立つこと，結局，

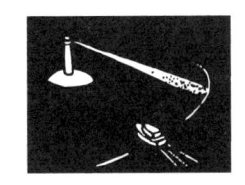

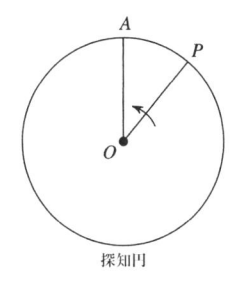

$$v > a/T = 60 \text{ km/h}$$

となることが必要です．

こうして，$v > 60 \text{ km/h}$ であれば，モーターボートは探知されずに島に行き着けることが示されました．しかしもちろん，60 km/h が到達を可能にするボートの速さの最小値であることが得られるわけではありません．つまり，線分 AO に沿って走るのがモーターボートの船長が選びうる最良の航路ではないのです．

実際，こんなことにはなりません．さて，考えていきましょう[3]．

サーチライトのビーム OP の線形速度[4]が各点ごとに異なることに注意しましょう．点が中心に近いほど，この速度は小さくなります．ビームの角速度は $2\pi/T$ です．半径 $r = vT/(2\pi)$ の円周に沿ってなら，モーターボートは光線の前方へと容易に動いていけます．というのも，そこでは，ボートの速度と対応点での光線の線形速度は等しいのですから．ビームの速さは，半径 r，中心 O の円の外側では v より大きく，（以降「安全円」と呼ぶ）この円の内側では v より小さくなります．

妨害されずに，モーターボートが安全円のどこかの地点にたどり着くことができれば，見つからないで島に到着できることは，明らかです．

安全円の内側でとりうる航路の一例は，半径 $r/2$ の円周に沿うものです．モーターボート K が速さ v でこの円周に沿って移動すれば，ボートが半径 r の円周を移動するのと同じ角速度（つまり，サーチライトの光線と同じ角速度）で，線分 KO は O のまわりを回転することになります（問題 **0.3** 参照）．それゆえ，ボートがビームに捉えられることはありません．

こうして，モーターボートの目的は単に「安全円にたどり着くこと！」となりました．

モーターボートが半径 AO に沿ってサーチライトに向

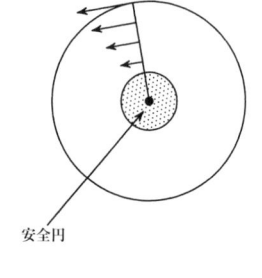

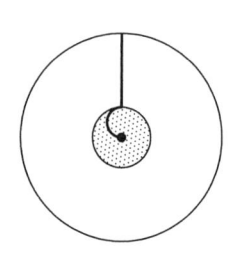

---

[3]　[原註] 以降の解答を読む前に，より小さい v の値で島にたどり着くような道筋を推測してみること．
[4]　[訳註] 回転速度は一定だが，光が当たっている点が動いていると考え，その運動の速度（ベクトル）のことを表す．

かってまっすぐ進むのなら，

$$v > \frac{1}{1+(1/2\pi)}\frac{a}{T} \cong 0.862\frac{a}{T} = 51.7\,\mathrm{km/h}$$

であれば，サーチライトのビームに探知されることなく安全円に到達できることになります.

モーターボートの最小の速さに関する上の評価を改良することができました．しかし，これさえ最良値ではないことがわかります！

さて，モーターボートが見つからずに島までたどり着けるための速さ v の**最小値**を求めましょう.

時間 t の間にモーターボートが到達可能な探知円内の点集合は，中心が A で半径 vt の円弧で囲まれた領域です．これらの点のうち，光線 OP の左側にある点には，モーターボートは見つからないで到着できるでしょう.

このように「到達可能」な点の集合を D と書きます．図を見れば，以下の可能性の 1 つが起きる瞬間まで，この集合がどのように変化するかがわかります.

（1） 速さ v があまり大きくないなら，集合 D は，安全円に到達することなく，ある時点 t で消えてしまいます．これは，ボートがその時点 t で見つかったことを意味しています．つまり，この速さでは，モーターボートが島に行き着くことはできません．この最後の瞬間 $t = t_0$ に，ビーム OP は，中心が A で半径 vt_0 の円弧に，ある点 L で接することになります．明らかに，この点 L は安全円の外側にあります（そうでなければ，モーターボートが島にたどり着くことができてしまいます）．そこで，速さ v を大きくしていけば，探知時間 t_0 も長くなっていき，点 L と島との距離は小さくなっていきます.

（2） 速さ v がある値 v_0 より大きくなれば，集合 D は大きくなって，ある時点で安全円まで届きます．つまり，$v > v_0$ のときはモーターボートが島に到達できるということです.

速さ v_0 の最小値は，ビーム OP が半径 vt_0 の円弧に，まさに安全円の周上にある点 N で，接するときに対応してい

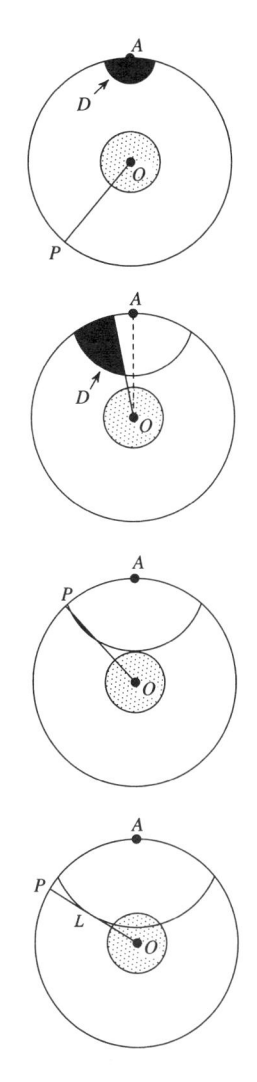

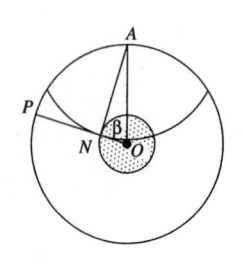

ます。この値 v_0 を求めるために，$\angle NOA$ の大きさを β とおき，

$$|NO| = r = \frac{v_0 T}{2\pi}, \quad |AN| = v_0 t_0,$$

$$\frac{|AN|}{|NO|} = \tan\beta, \quad \frac{2\pi + \beta}{t_0} = \frac{2\pi}{T},$$

$$|NO| = a\cos\beta$$

という等式を使います。

最初と最後の等式から，

$$v_0 = (2\pi a \cos\beta)/T$$

が得られ，また最初からの4つの等式から β に関する方程式

$$2\pi + \beta = \tan\beta$$

が得られます。

この方程式は近似的にしか解けません。たとえば，コンピュータを使って解くと，β の値は近似的に $0.92\pi/2$ となり，したがって，

$$v_0 \cong 0.8 a/T \cong 48\,\mathrm{km/h}$$

となります。

速さが v_0 より大きければ，モーターボートは安全円に到達することができます。 △

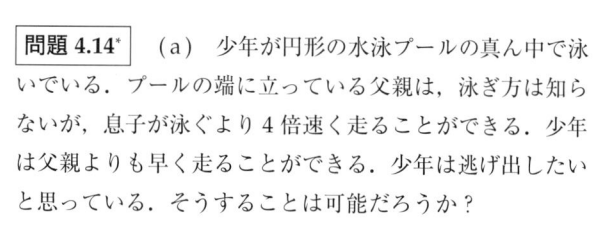

問題 4.14* (a) 少年が円形の水泳プールの真ん中で泳いでいる。プールの端に立っている父親は，泳ぎ方は知らないが，息子が泳ぐより4倍速く走ることができる。少年は父親よりも早く走ることができる。少年は逃げ出したいと思っている。そうすることは可能だろうか？

(b) v を少年が泳ぐ速さ，u を父親が走る速さとする。速さ v と u の比 v/u がどうであれば，少年は逃げ出すことができないか？

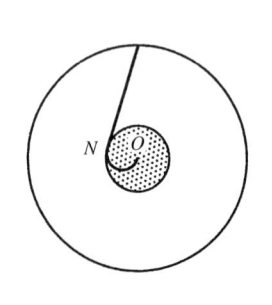

第5章
レベル曲線

　本章では，いくつか新しい用語を使って，これまでの章の問題や定理について考えてみます．ここで扱う概念は，**平面上で定義された関数**とその**レベル曲線**で，とりわけ最大・最小を含んでいるような問題の解法の役に立ちます．

5.1 バスの問題

　問題 5.1　観光バスが直線状の高速道路を走っている．高速道路のそばに，宮殿が道路に対してある角度で建っている．旅行者がバスから宮殿正面の最良の眺望を得るためには，道路のどこにバスを停めるべきだろうか？

　数学的には，この問題は次のように定式化されます．

　問題 5.1′　直線 ℓ と，この直線と交差しない線分 AB が与えられている．$\angle APB$ が最大値をとるような直線上の点 P を求めよ．

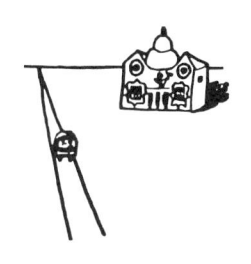

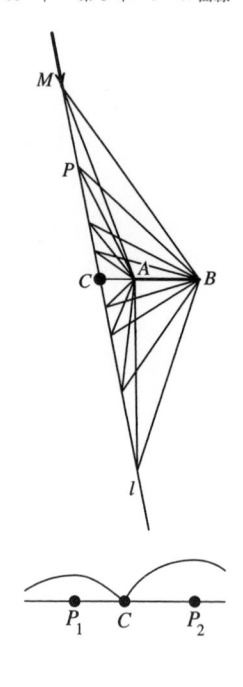

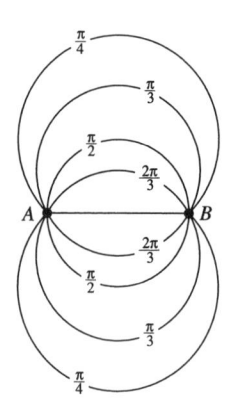

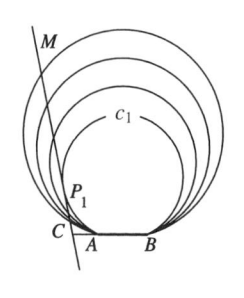

まず，点 M が直線 ℓ 上を動くとき，$\angle AMB$ がどのように変化するかをみてみましょう．言い換えれば，直線上の各点 M に対応する角の大きさ $\angle AMB$ を対応させる関数 f の挙動を調べてみましょう．

この関数のグラフの概形を描くのは簡単です．（グラフを描くということは，直線の各点 M の上方に距離が $f(M) = \angle AMB$ である点をプロットすることでした．）

この問題は，解析的に解くことができます．直線 ℓ 上に座標を導入し，$\angle AMB$ の値を点 M の x-座標を使って表し，得られた関数が最大値をとるような x の値を求めます．しかしながら，この $f(x)$ を表す式はかなり複雑になります．

より初等的で教育的な解法を考えてみましょう．ただそのためには，$\angle AMB$ の値が，（直線 ℓ 上だけでなく）**全平面**で，点 M の位置にどう依存しているかを調べなければなりません．

▷ $\angle AMB$ が与えられた値 φ である平面上の点 M の集合は，A と B を端点にもつ 2 つの対称な円弧になります（第 2 章の命題 E を参照）．いろいろな値の φ ($0 < \varphi < \pi$) に対して，この 2 つの円弧を描いていけば，直線 AB を除いた全平面を覆う円弧の族が得られます．図には，何組かの円弧とその上に対応する φ の値を描いてあります．たとえば，直径 AB をもつ円は値 $\varphi = \pi/2$ に対応しています．

さて，直線 ℓ 上の点 M に限定して考えてみましょう．これらの点の中から，$\angle AMB$ が最大値をとるような特定の点を選び出さなければなりません．各点 M を上の族の円弧のどれかが通っている，つまり，$\angle AMB = \varphi$ であれば，点 M は値 φ に対応する円弧の上にあります．したがって，問題は「直線 ℓ と交わるすべての円弧の中から，$\angle AMB = \varphi$ の最大値に対応するものを選び出せ」という問いに帰着されます．

直線 AB と ℓ の交点 C に関して，直線 ℓ の片側を調べてみましょう．（線分 AB と直線 ℓ が平行な場合は考えません．読者に残しておきます．）直線 ℓ の考えている側に接する円弧 c_1 を描き，接点 P_1 のところで線分 AB に対する角

が最大であることを証明します．直線 ℓ 上の点 P_1 以外のどの点 M も，円弧 c_1 が切り取る弓形の外側にあります．以前にみたように（22 ページの命題 E 参照），このことは $\angle AMB < \angle AP_1B$ を意味しています．

点 C の反対側においてもまったく同様で，線分 AB に対する角が最大になる点 P_2 は，やはり直線と上の族の円弧との接点になっています．

こうして，問題で求めていた点 P が，2 点 A, B を通る円が直線 ℓ と接する 2 つの点 P_1, P_2 のどちらかであることが証明されました．

点 P は $\angle PCA$ が鋭角になるように選ぶべきです．線分 AB が直線 ℓ に垂直なときは，対称性を考えれば，点 P_1 と P_2 が完全に同等なことは，すぐにわかるでしょう．それゆえ，この場合には問題の解は 2 つあることになります．（しかし，どの場合でも旅行者は，宮殿の正面が見えるように点 P_1 か P_2 かを選ばないといけませんが．） △

5.2 平面上の関数

問題 5.1 の解答の主要なアイデアは，各点に対応する角度 $\angle AMB$ をその点 M での値とする関数 f，つまり $f(M) = \angle AMB$ を，**全平面上**で考えることでした．

これまでの章でも既に，いろいろなタイプの関数が出てきました．（O, A, B を与えられた点，ℓ を与えられた直線とした）$f(M) = |OM|$, $f(M) = \rho(\ell, M)$, $f(M) = \angle ABM$ というような単純な関数をはじめとして，そういう関数の和，差，比，またその他の組合せも考えました．

5.3 レベル曲線

点集合を定義する条件のほとんどは，「平面（または，ある平面領域）の上で与えられた関数 f が，与えられた値 h をとる点 M の集合，つまり，

$$\{M : f(M) = h\}$$

を求めよ」というように表すことができます．

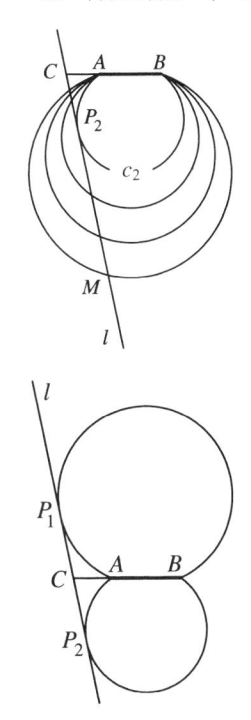

あらゆる定数 h に対し，普通この集合は曲線になります．こうして平面は，関数 f の**レベル曲線**と呼ばれる曲線群で覆われることになります．問題 5.1 を解いたときには，関数 $f(M) = \angle AMB$ のレベル曲線を描いたわけです．

5.4　関数のグラフ

ここで，「レベル曲線」という言葉の由来を説明しましょう．平面上で定義された関数に対しても，直線上で定義された $y = f(x)$ という形の関数に対するのとまったく同様にグラフを描くことができます．もちろん，空間の中に描かなければならないことを除けばということですが．関数 f が定義されている平面を水平だとし，この平面の各点 M に対して，$f(M) > 0$ のときは上方に，$f(M) < 0$ のときは下方に，距離 $|f(M)|$ の場所に点をプロットします．このようにプロットされた点からは，通常ある曲面ができ，この曲面を**関数 f のグラフ**と呼ぶのです．言い換えると，水平面上に座標系 Oxy を入れ，垂直上向きに軸 z をとれば，関数のグラフは，平面上の点 M の座標が (x, y) でかつ $z = f(M)$ であるような，座標 (x, y, z) をもつ点の集合のことです．（関数が，平面上のすべての点でなく，ある領域でだけ定義されているのなら，グラフもその定義域の点の上方にだけあることになります．）

それゆえ，レベル曲線 $\{M : f(M) = h\}$ は，その上方でグラフの点が同じレベル，つまり高さ h であるような点 M からなるのです．

64–65 ページに，レベル曲線がアルファベットの集合であるような関数のグラフを示してあります．関数 $f(M) = \angle AMB$ のグラフは，高さが線分 AB 上で π で，あとは徐々に 0 へと下がっていく「山脈[1]」をなします．（問題 5.1 の解答の直前でもこの関数のグラフを描きました．もっとも，直線 ℓ 上だけのことでしたが．）

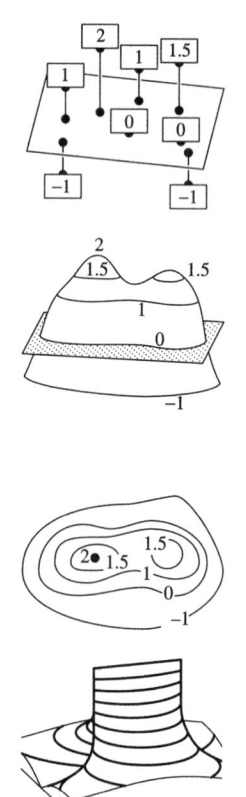

---

[1]　[訳註] 頂上が線分 AB の上で，その端点では垂直な崖になり，延長線上では 0 という谷になっている．

第 2 章（直線からの距離の定理）で扱った

$$f(M) = \lambda_1 \rho(M, \ell_1) + \lambda_2 \rho(M, \ell_2) + \cdots + \lambda_n \rho(M, \ell_n)$$

という形の関数は，直線 $\ell_1, \ell_2, \ldots, \ell_n$ によって分割された各領域 Q の上では，1 次式

$$f(x, y) = ax + by + c$$

として表されました．

こうして，そのグラフは，傾いているにせよ，($a = b = 0$ のとき) 水平であるにせよ，平面の一部分の組合せになります．これはアルファベットの命題 C, I, J の集合の例に現われています．

このような関数のレベル曲線は，直線の一部分の組合せになります．ただし，グラフが水平なところでは，レベル曲線はある平面領域 Q 全体になります．

$\lambda_1 + \lambda_2 + \cdots + \lambda_n = 0$ のとき，

$$f(M) = \lambda_1 |MA_1|^2 + \lambda_2 |MA_2|^2 + \cdots + \lambda_n |MA_n|^2$$

という形をした関数 f は，やはり全平面上の 1 次関数になりますが（たとえば，命題 F），より一般的な $\lambda_1 + \lambda_2 + \cdots + \lambda_n \neq 0$ のときは，

$$f(M) = d\,|MA|^2$$

という形の関数になります．ここで，A は平面上のある定点です．そのレベル曲線は円になり（第 2 章の距離の 2 乗の定理を参照），グラフは**回転放物面**になります．

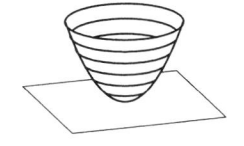

2 つの関数 $f(M) = \angle AMB$ と $f(M) = |AM|/|BM|$ のグラフは，おそらくアルファベットの中でもっとも複雑なものです．この 2 つの関数のレベル曲線の地図の間にはおもしろい関係があります．問題の 2 枚の地図を 1 枚の図面の上に描き込めば，円からなる 2 種類の族が得られます．そして，一方の族の円はすべて，他方の族の円と直交しているのです ?．それゆえ，この 2 つの族は**直交する**というのです．

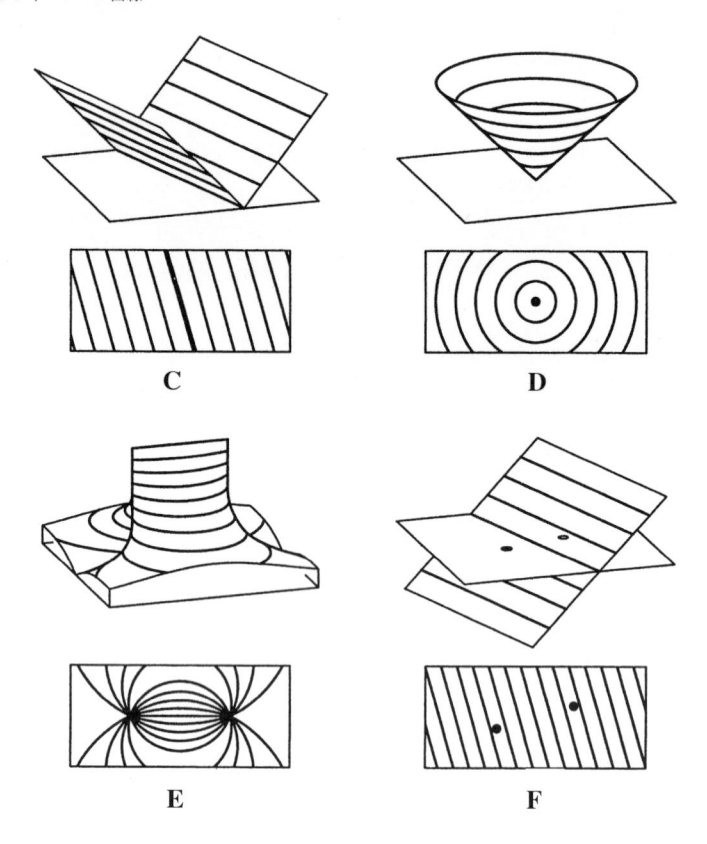

ここに，アルファベットの項に対応する関数のグラフを描き，それぞれの下にそのレベル曲線の地図が添えてある．

- Ⓒ． $f(M) = \rho(M, \ell)$ ．グラフは二面角で，レベル曲線は平行な直線の対である．
- Ⓓ． $f(M) = |MO|$ ．グラフは円錐で，レベル曲線は同心円である．
- Ⓔ． $f(M) = \angle AMB$ ．グラフは，水平な線分状の峰のある山脈で，峰の両端は垂直な崖である．
- Ⓕ． $f(M) = |MA|^2 - |MB|^2$ ．グラフは平面で，レベル曲線は平行な直線である．

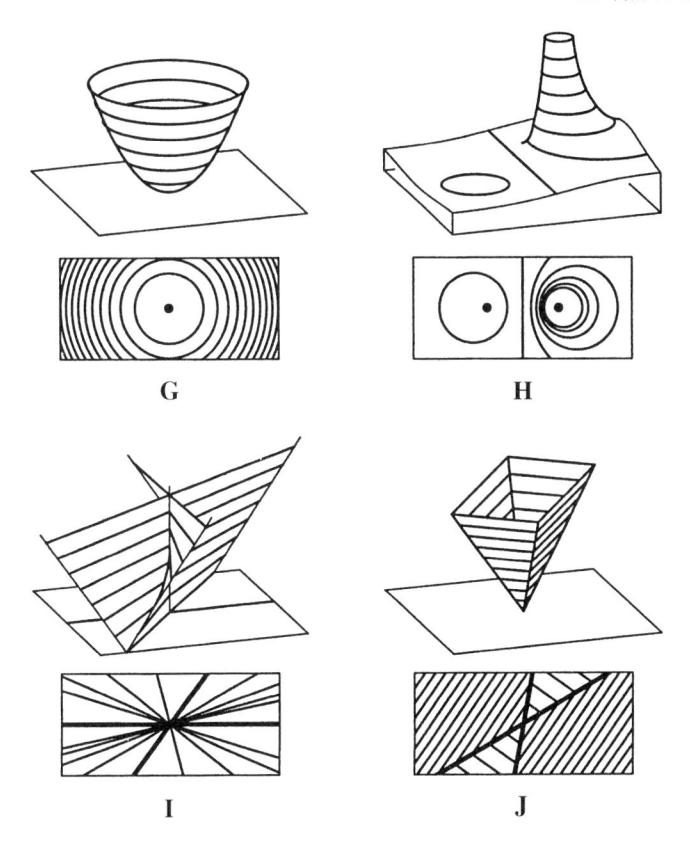

G. $f(M) = |MA|^2 + |MB|^2$. グラフは回転放物面で，レベル曲線は同心円である．

H. $f(M) = |MA|/|MB|$. グラフは，点 A の近くで凹んでいて，点 B の近くでは無限大に立ち上がっている．レベル曲線は中心が直線 AB 上にある交わらない円であり，どの 2 円に対しても，その根軸が直線 AB の垂直二等分線という同じ直線になっている．

I. $f(M) = \rho(M,\ell_1)/\rho(M,\ell_2)$. グラフは次のようにして得られる．鞍型曲面，つまり，直線 ℓ_1 を含み，2 直線 ℓ_1,ℓ_2 の交点 O を通る垂線を含む「双曲放物面」を考える．与えられた平面より下にある曲面の部分を，この平面に関して対称に折り返すのである[2]．レベル曲線は点 A を通る直線対である．

J. $f(M) = \rho(M,\ell_1) + \rho(M,\ell_2)$. グラフは四面角で，レベル曲線は ℓ_1,ℓ_2 を対角線とする長方形である．

---

[2] [訳註] 実際に双曲放物面を使って表すとこうはならない．双曲放物面のような感じの曲面というくらいの意味．グラフもこのままでは誤解を生む．とくに ℓ_2 上で無限大になるという感じが出ていない．よい描画ソフトを持っている読者は，いろいろな角度で描いてみるとよい．

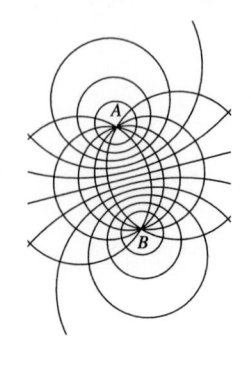

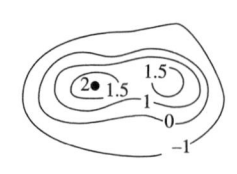

もう1つの例を挙げておきましょう．簡単な関数なのですが，レベル曲線がある1つの点から発する半直線であり，グラフはかなり複雑になります．その関数は，$f(M) = \angle MAB$（A と B は平面上の与えられた点）です．グラフは，直線 AB によって分割された半平面それぞれの上で，**螺旋面**または**ヘリコイド**と呼ばれる，スクリューのような形の曲面になります．

5.5 関数の地図

見ればわかることですが，関数の多くは，3次元空間の中でグラフを描くのは難しいのです．平面上の関数の振る舞いを視覚化するには，概して，レベル曲線の地図を描く方が易しいものです．

地理学的な地勢図は次のようにできています．$f(M)$ を地表面の点 M の海抜の高さとします．そのとき，レベル曲線 $\{M : f(M) = 200\,\mathrm{m}\}$, $\{M : f(M) = 400\,\mathrm{m}\}$ などを描きます．これらのレベル曲線の間の領域をいろいろな色で塗り分けます．たとえば，領域 $\{M : 0 < f(M) < 200\,\mathrm{m}\}$ は緑色で，領域 $\{M : f(M) > 200\,\mathrm{m}\}$ は茶色で，そして，領域 $\{M : f(M) < 0\,\mathrm{m}\}$ はいろいろな色合いの青色で塗られます．

関数の地図を作るには，レベル曲線を何本かは，それも，残りの曲線がどうなっているかが判断できる位の本数は描く必要があります．それから，描かれた各曲線の上に，対応する関数の値（つまり，高さ h）を書き込みます．

レベル曲線を関数の値が等間隔，$0, \pm d, \pm 2d, \ldots$, になるように描くことにすれば，レベル曲線の密度からグラフの傾きの評価ができます．曲線が多いほど，水平面に対するグラフの傾きは大きいことになります．

5.6 境界線

（チーズに関する）問題 **3.23** の解答では，平面上の任意の点 M に対して，与えられた点 $C_1, C_2, \ldots, C_n$ からの距離の最小値

$$f(M) = \min\{|MC_1|, |MC_2|, \ldots, |MC_n|\}$$

という，かなり複雑な関数を考えました．厳密に言えば，問題 **3.23** の解答において，この関数自身は，それに付随する境界線ほどの必要性はありませんでした．それらの境界線は平面を多角形領域に分割しました．この関数のレベル曲線の地図とグラフを，見える形にしてみましょう．簡単な場合（$n = 2$ と $n = 3$）から始めます．

問題 5.2 （a）平面上に 2 点 C_1, C_2 が与えられている．関数
$$f(M) = \min\{|MC_1|, |MC_2|\}$$
のレベル曲線の地図を描け．

（b）平面上に 3 点 C_1, C_2, C_3 が与えられている．関数
$$f(M) = \min\{|MC_1|, |MC_2|, |MC_3|\}$$
のレベル曲線の地図を描け．

▽　（a）$|MC_1| = |MC_2|$ となる点 M の集合を考えます．この点集合は線分 C_1C_2 の垂直二等分線でしたが，垂直二等分線は平面を 2 つの半平面に分割します．片方の半平面の点は C_1 に近く，もう片方の点は C_2 に近くなります．

したがって，一方の半平面では $f(M) = |MC_1|$ であり，他方では $f(M) = |MC_2|$ です．こうして，前の半平面で $f(M) = |MC_1|$ のレベル曲線（円弧になっている）を描き，そのあと，この地図を垂直二等分線に関して対称に折り返します．

（b）それぞれ $|MC_1| = |MC_2|, |MC_2| = |MC_3|, |MC_1| = |MC_3|$ を満たす 3 つの点集合を考えます．この集合は問題 **3.1** に出てきています．これらは $\triangle C_1C_2C_3$ の辺の垂直二等分線になり，1 点 O で交わります．各辺の垂直二等分線のなす，外心 O を始点とする 3 本の半直線は，平面を 3 つの領域に分割します．明らかに，点 C_1 を含む領域では $f(M) = |MC_1|$，点 C_2 を含む領域では $f(M) = |MC_2|$，点 C_3 を含む領域では $f(M) = |MC_3|$ となります．こうして，関数 $f(M) = \min\{|MC_1|, |MC_2|, |MC_3|\}$ の地図は，3 枚の地図を，3 本の半直線である分割線に沿ってつないだものになります． △

関数

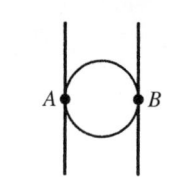

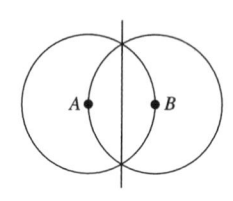

$$f(M) = \min\{|MC_1|, |MC_2|, \ldots, |MC_n|\}$$

のグラフは，次のようにして目に見えるようにできます．箱の中に一様な層をなすように砂を入れ，箱の底の点 $C_1, C_2, \ldots, C_n$ の位置に穴をあけます．あけた穴から砂が流れ出していくと，それぞれの穴のまわりに「じょうご」ができます．この「じょうご」を全部集めてできる曲面が，関数 f のグラフです．（もちろん，砂は，自然な状態での傾斜角が 45° になるものを使い，さらに，十分に厚い砂の層を使わなければいけません．）

さて，問題 **3.11** と **3.12** に戻ってみると，これらの問題でも，平面上で定義された関数を見つけることができます．

問題 5.3 2 点 A と B が平面上に与えられている．関数
(a) $f(M) = \max\{\angle AMB, \angle BAM, \angle MBA\}$,
(b) $f(M) = \min\{|AM|, |MB|, |AB|\}$
のレベル曲線の地図を描き，グラフの様子を述べよ．

5.7 関数の極値

平面上で定義された関数 f が与えられています．この関数のグラフを，丘状の地形と想像してください．$f(M)$ の最大値はグラフの「丘の頂上」の高さに，最小値は窪地の深さに対応しています．この関数のレベル曲線の地図の上では，丘の頂上や窪地は，普通，レベル曲線で囲まれています．たとえば，関数 $f(M) = |MA|^2 + |MB|^2$ の場合，最小点 M_0 は線分 AB の中点で，レベル曲線は点 M_0 を中心とする同心円をなしています．

関数 $f(M) = \angle AMB$ ではもう少し複雑な図が得られます．この関数は，線分 AB 上のすべての点で最大値 π を，そして直線 AB の残りの点では最小値 0 をとります．点 A と B （f はこの 2 点では定義されない）での最大から最小への移行は緩やかではなく，グラフは垂直に落ち込んでいます．

5.7 関数の極値

本章の最初の問題 **5.1** の答では，レベル曲線の地図を用いました．これも最大値を求める問題ですが，タイプは違っています．問題は，「平面上で定義された関数が曲線 γ の上でとる最大・最小値を求めよ」という形に一般化してもよいでしょう（上の問題では γ は直線でした）．問題 **5.1** で行った「最大・最小値は，通常，曲線 γ が関数 f のレベル曲線に接する点[3]で与えられる」という**観察**は，この一般化された問題でも有効です．

関数 f が曲線 γ 上の最大値を点 P でとるとし，その最大値を $f(P) = c$ とします．すると，曲線 γ は，領域 $\{M : f(M) > c\}$ の中には入れず，全体がその残りの領域 $\{M : f(M) \leq c\}$ の中にあることになります．点 P は，この 2 つの領域を分割する曲線である，レベル曲線 $\{M : f(M) = c\}$ の上にあります．したがって，曲線 γ はレベル曲線 $\{M : f(M) = c\}$ と交わることができず，点 P でこのレベル曲線に接するしかないのです．

極値を求めるに際して，この「接触原理」がどのように現われるかを第 4 章の問題でみてきました．

そこでは，

$$f(M) = \rho(M, \ell), \quad f(M) = \angle MOA, \quad f(M) = |MA|$$

といった単純な関数の，与えられた曲線 γ 上での最大や最小を求めました．極値に対応するレベル曲線は曲線 γ に接しており，概して言えば，この曲線 γ は円だったわけです．

以下の問題にも，与えられた円や直線上で，関数の最大（もしくは最小）を求める問題に帰着されるものがあります．

|問題 5.4| (a) 与えられた直角三角形の斜辺上で，2 つの脚へ射影された 2 点間の距離が最小になる点を求めよ．（直角三角形の**脚**とは直角を挟む 2 辺のことでした．）

(b)* 与えられた直線上で，与えられた角をなす 2 辺に射影された 2 点間の距離が最小になる点 M を求めよ． ➡

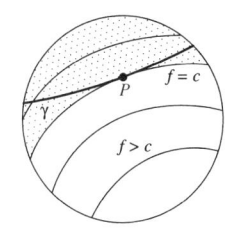

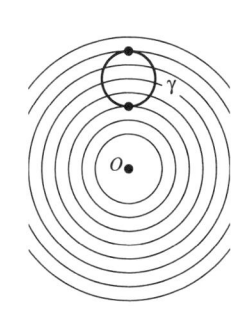

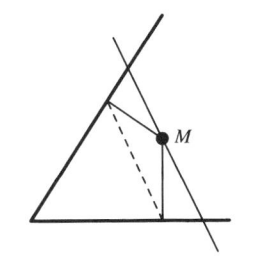

---

[3] [原註] または，曲線 γ がその点を通っているなら，関数 f 自身が最大となる点．

第 5 章 レベル曲線

問題 5.5 O を中心とする円と，円の内部の点 A が与えられているとき，$\angle AMO$ の値が最大になる円上の点 M を求めよ．

問題 5.6 2 点 A, B が与えられている．与えられた曲線 γ 上で，次の条件を満たす点 M を求めよ．

(a) M から点 A までの距離の 2 乗と B までの距離の 2 乗の和が最小である．

(b) M から点 A までの距離の 2 乗と B までの距離の 2 乗の差が最小である．

問題 5.7 直線 ℓ とそれに平行な線分 AB が与えられている．直線 ℓ の上で，量 $|AM|/|MB|$ が最大値もしくは最小値をとるような点 M を求めよ． ➡

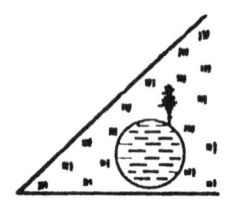

問題 5.8 湖が 2 本の直線道路の間にある．サナトリウムをこの湖畔に作るのだが，2 本の道までの距離の和を最小にするにはどこに建てればよいか？ 湖が (a) 円形，(b) 長方形 の場合を考えよ．

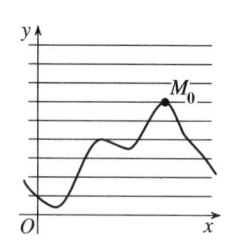

ここで注意を 1 つ．1 変数関数 $y = f(x)$ の最大値を求めるときにも「接触原理」を指針として進むことができます．関数 f のグラフを，平面上に描いたとしましょう．このグラフはある種の曲線になっています．関数 f の最大値を求めるとは，グラフの最高点を求めることです．そうするためには，軸 Ox にも平行で，グラフにも接する直線を引くべきであるのは，明らかなことで，さらに，グラフの全体がその下側にくるようにこの接線は引かれているべきです．

第6章

2次曲線

6.1 楕円,双曲線,放物線

　ここまでは,扱う曲線の種類を中学校までに習うもの,つまり直線と円に限ってきました. AからJまでのアルファベットは,これらにしか関係していません. この章では,他の種類,つまり楕円,双曲線,放物線の曲線について学ぶことにしましょう. この3種類の曲線は,まとめて**円錐曲線**と呼ばれます. 80-81ページの図に示されているように,どの曲線も円錐面と平面との交わりとして得られるからです.

　最初に,楕円と双曲線と放物線を,第2章のアルファベットの続きとして,幾何学的に定義します. 後に,これらの曲線が直線族の包絡線であることをみていきます. 最後に,解析幾何を用いて,この3種の曲線が2次の代数方程式で定義されることを示します. これら3つの定義が同値であることの証明は簡単ではありません. けれど,これらはす

べて有益なのです．それぞれの新しい定義が新しいクラスの問題を解くことを容易にしてくれるのです．

というわけで，アルファベットに新しい文字⃞Kと⃞Lと⃞Mを，それから少し後で⃞Nを，付け加えていきましょう．

⃞K．楕円． 2点 A, B が与えられている．**平面上で，A と B からの距離の和が一定であるような点 M の集合**を考えよう．

慣例の記号として，この一定の値を $2a$，2点 A, B 間の距離 $|AB|$ を $2c$ と表しておきます．$a \leqq c$ の場合，この集合には面白みがないことを注意しておきましょう．つまり，$a < c$ のときは $|AM| + |MB| < |AB|$ となる平面上の点はないので，この集合は空集合になるし，$a = c$ のときは単なる線分 AB になります．

$a > c$ のとき何が起こるかをみるために，次のような作業をしてみましょう．点 A と B のところにピンを刺し，そのまわりに長さが $2(a + c)$ の環状の紐をかけます．鉛筆でこの紐を引っ張り，紐が緩まないようにしながら，曲線を描きます．閉曲線が得られますが，これが「楕円」と呼ばれる曲線です．点 A と B は楕円の**焦点**と呼ばれます．楕円の定義から，明らかに，直線 AB と，AB の中点 O を通る垂直二等分線という，対称性の軸が2本あります．この2直線の楕円の内部に含まれる部分を楕円の**軸**，点 O を楕円の**中心**と呼びます．

紐の長さを変えていけば，同じ焦点をもつ楕円の族の全体を描くことができます．つまり，関数

$$f(M) = |MA| + |MB|$$

のレベル曲線の地図を描くことができます．

⃞L．双曲線． 2点 A, B が与えられている．**平面上で，A からの距離と B からの距離の差の絶対値が定数 $2a$ ($a > 0$) に等しい点の集合**を考えよう．

前と同じように $|AB| = 2c$ とします．$a > c$ の場合，平面上で，$|AM| - |MB| > |AB|$ となるか，$|MB| - |AM| > |AB|$

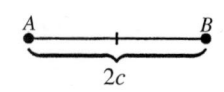

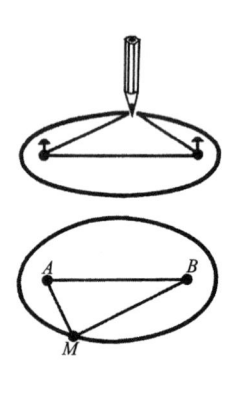

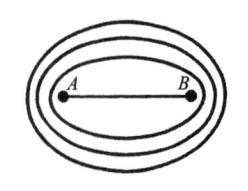

となるかする点 M はないので，集合 L は空集合です．$a = c$ のとき，集合 L は直線 AB の一部をなす一対の半直線になりますが，直線 AB 全体から線分 AB を除いておく必要があります．

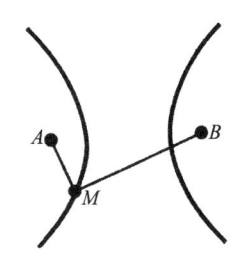

$a < c$ の場合，図で示したように，集合 L は（分枝と呼ばれる）2 曲線になっています．（一方は集合 $\{M : |MA| - |MB| = 2a\}$ で，もう一方は $\{M : |MB| - |MA| = 2a\}$ です．）この集合は**双曲線**と呼ばれ，点 A と B は双曲線の**焦点**と呼ばれます．

集合 L の定義から，明らかに，双曲線には 2 本の対称性の軸があります．線分 AB の中点は双曲線の**中心**と呼ばれます．

関数
$$f(M) = ||MA| - |MB||$$
のレベル曲線の地図の全体を得るには，A, B を焦点とする双曲線の族に，($f(M) = 0$ という値に対応する）線分 AB の垂直二等分線を追加しなければなりません．

M. 放物線．放物線は，与（えられた）点 F からの距離と与直線 ℓ からの距離が等しい点 M の集合である．

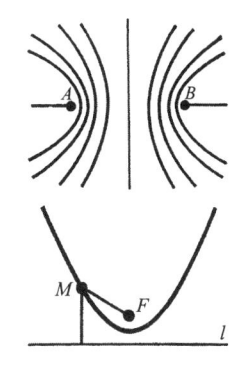

点 F は放物線の**焦点**，直線 ℓ は**準線**と呼ばれます．放物線には，焦点 F を通り準線に垂直な直線である，対称性の軸があります．

最初の結果をまとめておきましょう．アルファベットに次の集合が付け加わりました．

K. $\{M : |MA| + |MB| = 2a\}$,

L. $\{M : ||MA| - |MB|| = 2a\}$,

M. $\{M : |MF| = \rho(M, \ell)\}$.

今や，問題が集合 M, K, L のどれかに帰着されるなら，答はそれぞれ，放物線，楕円，双曲線になることがわかりました．もちろん，答としては，曲線の名前だけでなく，形や位置も定めないといけないし，たとえば，焦点や数値 a

を示さなければなりません．

問題 6.1　平面上に，2 点 A, B が与えられている．次の条件を満たす点 M の集合を求めよ．

(a)　$\triangle AMB$ の周の長さが一定値 p に等しい．
(b)　$\triangle AMB$ の周の長さが p 以下である．
(c)　差 $|MA| - |MB|$ が d 以上である．

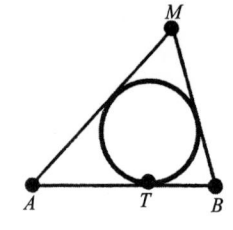

問題 6.2　線分 AB とその上の点 T が与えられたとする．$\triangle AMB$ の内接円が，点 T で辺 AB に接するような点 M の集合を求めよ．

問題 6.3　次の条件を満たす円の，中心が作る集合を求めよ．

(a)　円が与えられた直線に接し，与えられた点を通る．
(b)　円が，与えられた円に接し，その円内の与えられた点を通る．
(c)　円が，与えられた円に接し，その円外の与えられた点を通る．
(d)　円が与えられた円と与えられた直線に接する．
(e)*　円が与えられた 2 円に接する．➡

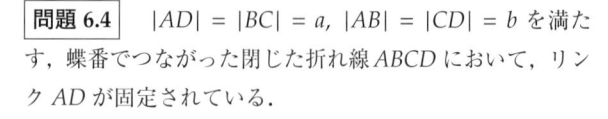

問題 6.4　$|AD| = |BC| = a$, $|AB| = |CD| = b$ を満たす，蝶番でつながった閉じた折れ線 $ABCD$ において，リンク AD が固定されている．

(a)　$a < b$,
(b)　$a > b$

という 2 つの場合に，直線 AB と CD の交点が作る集合を求めよ．

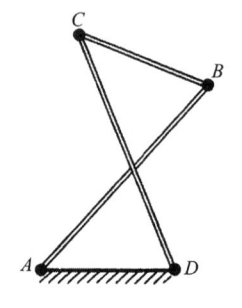

問題 6.5　(a) 平面上に 2 点 A, B が与えられている．この 2 点の間の距離は整数 n である（図では $n = 12$）．点 A または B を中心とする円で，半径が整数値のものがすべて描かれているとする．こうして得られた網目の上で，結節

点（円の交点）の列を，隣り合う 2 点が（網目の最小の）曲四辺形の対頂点になるようにとって，印をつける．こうして作られた列の点はすべて，ある楕円か，ある双曲線の上にあることを証明せよ[1]．

（b） 平面上に，直線 ℓ と，ℓ 上の点 F が与えられている．F を中心とする円で，半径が整数値のものと，ℓ に平行な直線で，ℓ との距離が整数値であるものが，すべて描かれているとする．(a) と同様にして作られる，網目上の結節点列の点はすべて，F を焦点とするある放物線上にあることを証明せよ．

空間内で，放物線，楕円，双曲線を対称性の軸のまわりに回転させて得られる曲面は，それぞれ**回転放物面**，**回転楕円面**，**回転双曲面**と呼ばれています．

6.2　焦点と接線

楕円や双曲線や放物線に関する多くの興味ある問題は，その接線の性質に関係しています．楕円の接線の基本的な性質が，次の簡単な作図問題の 2 つの解答を比べることで得られます．

問題 6.6　直線 ℓ と，ℓ の片側にある 2 点 A, B が与えられたとする．ℓ 上で，X から点 A までの距離と点 B までの距離の和 $|AX| + |XB|$ が最小になる点 X を求めよ．

▽ 直線 ℓ に関して点 A と対称な点 A' を考えます．この直線上の任意の点 M に対し，$|A'M| = |AM|$ となります．それゆえ，問題の和 $|AM| + |MB| = |A'M| + |MB|$ は，線分 $A'B$ と直線 ℓ の交点 X で，最小値 $|A'B|$ をとります．△

求める点 X には，**線分 AX と BX が直線 ℓ に対してなす角は等しい**，という性質があることに注意してください．

問題 6.6 を，第 5 章で述べたレベル曲線を用いる一般的な方法で解くのなら，「焦点 A, B をもちパラメータ c に対

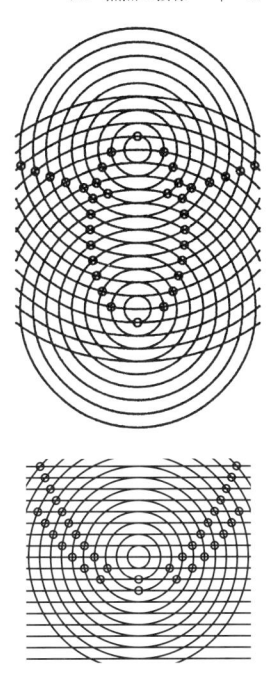

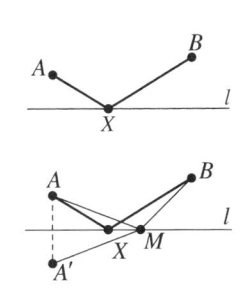

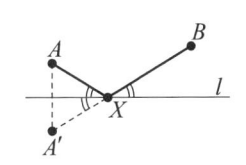

---

[1] ［訳註］A, B 以外の任意の結節点 X を選び，X を頂点とする曲四辺形を選べば，列は自動的に決まる．

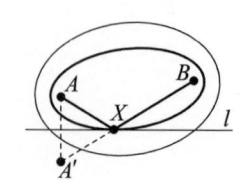

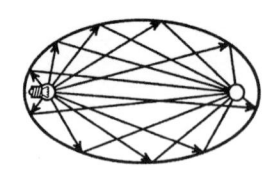

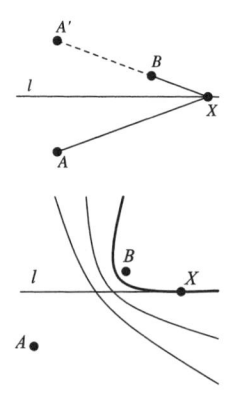

応する楕円 $\{M : |AM| + |MB| = c\}$ の族を作図し，この族の中から直線 ℓ に接する特別な楕円を選び出すこと」という手順になります．

つまり，**求める点 X は（焦点 A, B をもつ）ある楕円が直線 ℓ に接する点**であることになります．X 以外の直線上の点 M は，すべてこの楕円の外側にあるので，点 M に対する和 $|AM| + |MB|$ は c より大きくなるからです．

この 2 つの解答を比べると，**楕円上の点 X と 2 つの焦点を結ぶ 2 本の線分は，点 X で楕円に引いた接線との間に等しい角をなす**，といういわゆる**楕円の焦点性**が得られます．

この性質には直接的な物理的説明があります．（ヘッドライトのような）反射鏡の表面が楕円面の形をしていて，点光源としてのランプが一方の焦点 A に置かれているとすると，反射した光線はもう一方の焦点 B に集束することになります．（「焦点」という言葉はラテン語では「炉床」という意味でした．）

双曲線の焦点性も楕円の場合とまったく同じで，**双曲線上の点 X と 2 つの焦点を結ぶ 2 本の線分は，点 X における接線との間に等しい角をなす**，というものです．次の問題を 2 通りの方法で解くことで，この性質を証明することができます．

問題 6.7 直線 ℓ と，ℓ に関して反対側にある 2 点 A, B が与えられている．なお，点 A は，ℓ からの距離が B よりも大きいとする．直線上で，距離の差 $|AX| - |BX|$ が最大になる点 X を求めよ．

一方の解法では，次のような答になります．A' を直線 ℓ に関して点 A と対称な点とすると，求める点 X は，直線 $A'B$ と ℓ の交点になる ?．この点 X に対して，線分 AX と XB が直線 ℓ との間でなす角が等しいことは，明らかでしょう．

（第 5 章で述べた一般的な考え方による）もう一方の解法からは，同じ答が「X は，A, B を焦点とする双曲線と直線 ℓ の接点である」というように与えられます．この 2 つの答を比べると双曲線の焦点性が得られるのです．

この焦点性から，A, B を焦点とするすべての楕円の族や双曲線の族に関連する，別の興味深い性質が導かれます．

ある点 X を通る楕円と双曲線を考えます[2]．点 X を通り，直線 AX との角と BX との角が等しいような直線を引きます．直線は 2 本ありますが，明らかにその 2 直線は直交します．

焦点性から，一方の直線が楕円の接線であり，もう一方が双曲線の接線になっているはずです．こうして，楕円の接線と双曲線の接線は互いに垂直になります．それゆえ，A, B を焦点にもつすべての楕円の族と双曲線の族は，互いに直交する曲線族をなします．つまり，一方の族の曲線と他方の族の曲線との交点では，どこでも 2 曲線の接線が直交するのです．

この 2 つの曲線族は，問題 **6.5a** の図で，チェス盤のように曲四辺形を交互に色づけすれば，はっきりと目にすることができます．

6.3 　放物線の焦点性

焦点 F と準線 ℓ をもつ放物線と，放物線上の何かしらの点 X を考えます．このとき，**直線 XF と X から ℓ に下ろした垂線が，点 X における接線との間になす角は等しい**．

これを証明しましょう．H を，X から ℓ に下ろした垂線の足とします．放物線の定義から $|XF| = |XH|$ であるので，点 X は線分 FH の垂直二等分線 m 上にあります．

この直線 m が放物線に接することを証明します．そのために，この直線が放物線と 1 点（点 X）のみを共有することと，放物線全体が m の片側にあることを示します．直線 m は平面を 2 つの半平面に分割します．そのうちの 1 つは，H より F に近いような点 M からできています．

放物線全体がそちらの半平面に含まれていること，つまり放物線上の（X 以外の）任意の点 M に対し $|MF| < |MH|$ であることを示すのですが，そのことは，$|MF| = \rho(M, \ell)$

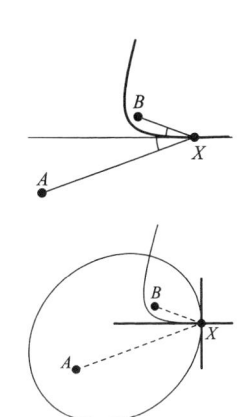

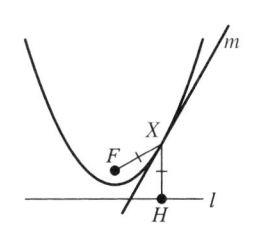

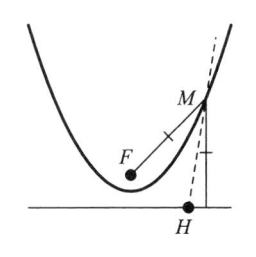

---

[2] ［訳註］もちろん，A, B を焦点にもつものを考えている．

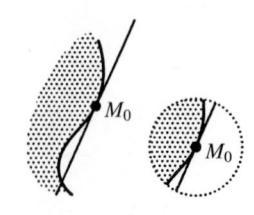

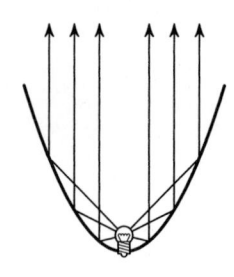

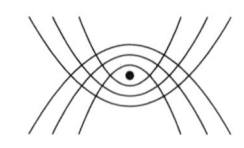

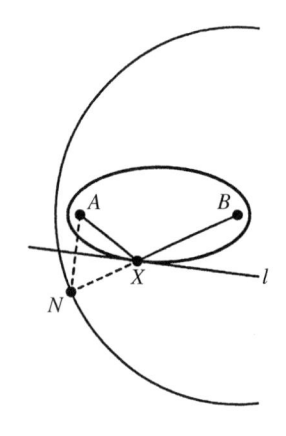

と $\rho(M,\ell) < |MH|$（垂線は斜線より短い）から，すぐに導かれます．

注意． 今までに出てきたすべての曲線で，接線は次のように定義されていました．「曲線 γ の点 M_0 における接線とは，点 M_0 を通る直線 ℓ であって，曲線 γ（または，少なくとも M_0 を中心とするある円に含まれる曲線の部分）がその直線 ℓ の一方の側に含まれるという性質をもつもののことである.」

放物線の焦点性を次のように利用することができます．反射鏡を放物面の形に作り，焦点 F に光源を置けば投光器になります．反射した光線はすべて，放物線の軸と平行になるのですから．

問題 6.8 与えられた焦点と鉛直な軸をもつすべての放物線を考えよ．これらは自然に，上方に広がる分枝をもつ放物線の族と，下方に広がる分岐をもつ族の2つに分かれる．それぞれの族から1つずつとった2つの放物線が直交すること，すなわち，一方の族の曲線と他方の族の曲線の交点において，両曲線の接線が直交することを証明せよ．

前と同様，この2つの曲線族は，問題 **6.5b** の図で，チェス盤のように曲四辺形を交互に色づけすれば，はっきりと目にすることができます．

以下の問題は，これまでに述べた曲線の，定義と対応する焦点性だけを使って解くことができます．

問題 6.9 (a) 焦点 A, B をもつ楕円が与えられたとする．楕円のどれかの接線に関して焦点 A に対称な点の集合が円であることを証明せよ．

(b) 焦点 A から楕円の各接線に下ろした垂線の足が作る集合が円になることを証明せよ．

▽ (a) ℓ を点 X における楕円の接線で，N を ℓ に関して焦点 A に対称な点とします．このとき，（問題 **6.6** でみたように）点 X は直線 NB の上にあり，しかも距離

$$|NB| = |AX| + |XB|$$

は一定です．前と同様，この距離を $2a$ と書くと，N, B 間の距離が一定だから，求める集合は，点 B が中心で半径 $2a$ の円になります．

（b） M を点 A から ℓ に下ろした垂線の足とします．明らかに，
$$|AM| = \frac{1}{2}|AN|$$
です．問題 **6.9**(a) から点 N の集合が円になることがわかっているので，この問題は，「中心が B で半径 $2a$ の円と，円内の点 A が与えられている．点 N がこの円周上を任意に動くとき，線分 AN の中点のなす集合を求めよ」という問題になります．そして，この集合は，半径が a で中心が線分 AB の中点 O の円になります． △

問題 6.10 双曲線の場合について問題 **6.9** の (a), (b) を証明せよ．

問題 6.11 焦点 F と準線 ℓ をもつ放物線が与えられている．
（a） 放物線の接線に関して焦点 F に対称なすべての点の集合を求めよ．
（b） 焦点 F から放物線の接線に下ろした垂線の足が作る集合は，ℓ に平行な直線になることを証明せよ．

問題 6.12[*] （a） 楕円の 2 つの焦点から（任意の）接線までの距離の積が一定であること（すなわち，接線の選び方によらないこと）を証明せよ． ➡
（b） 楕円が直角を見込む点（すなわち，その点から楕円に引いた 2 本の接線が直角をなす点）の集合を求めよ．

問題 6.13[*] 問題 **6.12**(a) を双曲線に対して解け．

問題 6.14[*] 問題 **6.12**(a) を放物線に対して解け．

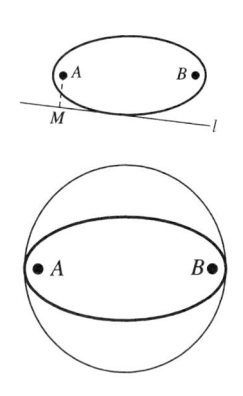

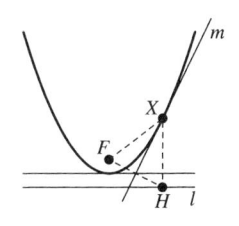

図1   図2

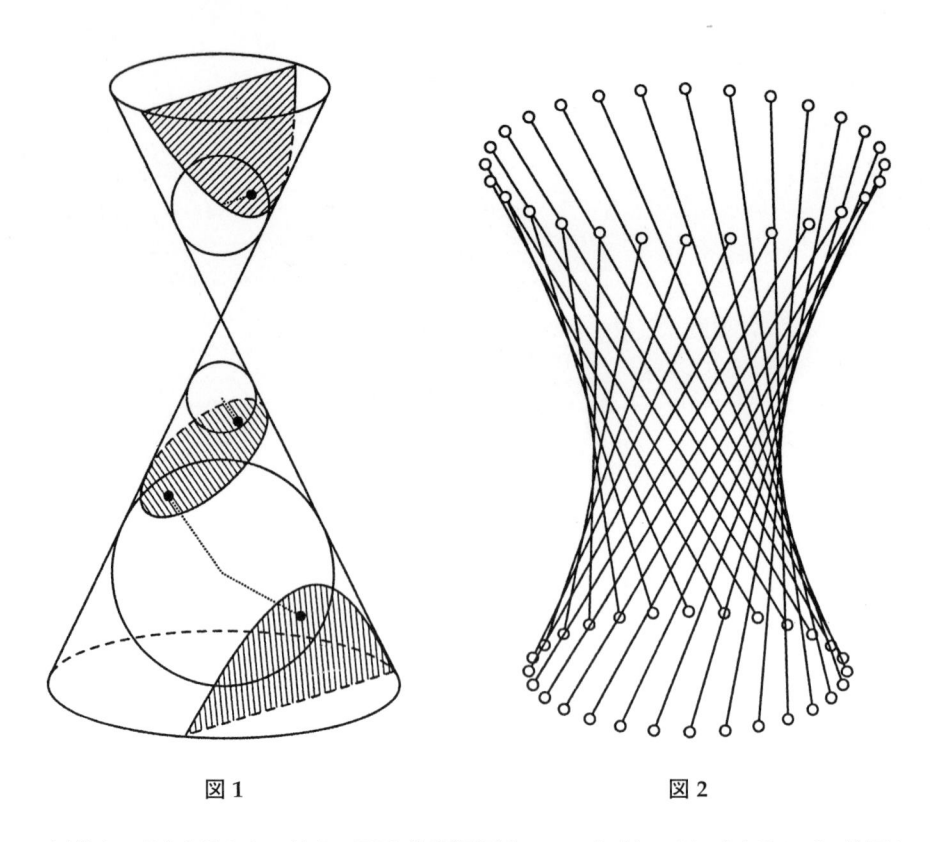

　円錐を，頂点を通らない任意の平面（切断平面といっておく）で切った切り口は，楕円か双曲線か放物線のどれかになる（図1）．円錐に内接する球が切断平面に接していれば，接点は切り口の曲線の焦点であり，曲線の準線は，この球と円錐との接触円を含む平面と切断平面との交線になる．

　空間内で，与えられた直線 ℓ からの距離が等しく，同時に ℓ と与えられた鋭角をなすようなすべての直線の和集合は，**一葉回転双曲面**として知られる曲面になる（図2）．対称性の軸 ℓ のまわりを双曲線を回転させることでも，同じ曲面が得られる．この双曲面の任意の点での接平面は，双曲面自身と2つの直線に沿って交わる．この曲面の，接平面以外の平面切断面は，円錐の場合と同様に，楕円か双曲線か放物線になる

図 3

図 4

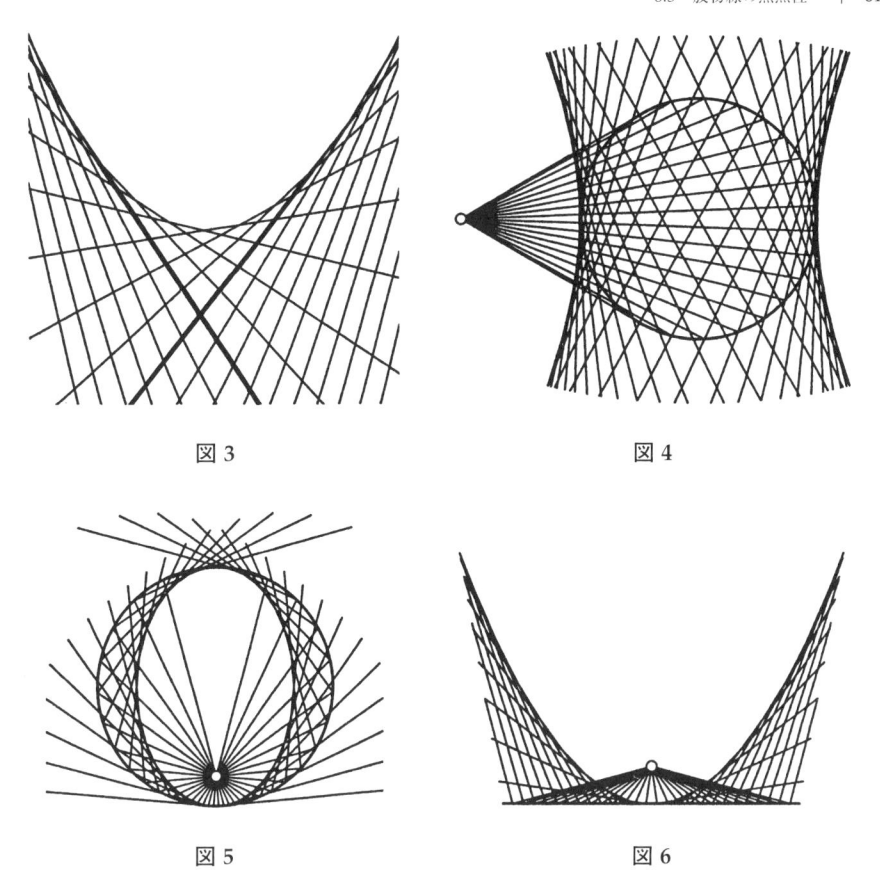

図 5

図 6

2 点 P, N が，交差する 2 直線に沿って一様に動くなら，直線 PN はすべて互いに平行であるか，（こちらの方が一般的だが）ある 1 つの放物線に接することになる（図 3）．2 点 P, N が，空間内で，ねじれの位置にある 2 直線に沿って一様に動くとき，すべての直線 PN の和集合は，双曲放物面（鞍型曲面）になる．この鞍型曲面の任意の点での接平面は，曲面自身と 2 つの直線に沿って交わる．接平面以外の平面による鞍型曲面の切り口は，双曲線か放物線である．鞍型曲面は，ねじれの位置にある 2 本の直線 ℓ_1 と ℓ_2 と交わり，（2 直線 ℓ_1, ℓ_2 と交差する）ある平面に平行であるような，すべての直線の和集合としても得られる．

図 4–6 は，問題 **6.16** と **6.17** の説明の図である．注意しておくが，これらの図では実際には直線族だけしか描かれていない．しかし錯視が起きて，（それぞれの場合に，双曲線か楕円か放物線である）包絡線が描かれているように見えるのである．

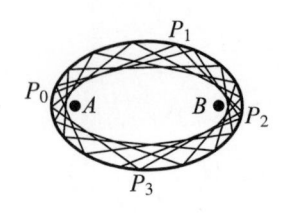

問題 6.15* 　楕円形の鏡の内部での光線の軌跡 $P_0P_1P_2P_3\cdots$ が2つの焦点 A, B を通らないとする．（ただし，$P_0, P_1, P_2, \ldots$ は楕円上の点とする．）次を証明せよ．

(a)　線分 P_0P_1 が線分 AB と交わらなければ，線分 P_1P_2, $P_2P_3, P_3P_4, \ldots$ もすべて線分 AB とは交わらず，$(A, B$ を焦点にもつ）ある楕円に接する． ➡

(b)　線分 P_0P_1 が線分 AB と交われば，線分 P_1P_2, P_2P_3, $P_3P_4, \ldots$ もすべて線分 AB と交わり，$(A, B$ を焦点にもつ）ある双曲線に接する． ➡

6.4　直線族の包絡線としての曲線

今まで扱ってきた曲線（円，楕円，双曲線，放物線）はすべて，ある条件を満たす点の集合になっていました．以下の問題では，こうした曲線を，異なる方法で，つまり直線族の包絡線として作ります．「包絡線」という言葉は単に，考えている族の各直線が，曲線のある点での接線になっていることを意味するのです．

問題 6.16　中心が O の円と点 A が与えられている．円周の各点 M を通り，線分 AM に垂直な直線が描かれている．この直線族の包絡線が，

(a)　A が中心 O と一致しているときは，円，

(b)　A が円 O の内部にあるときは，楕円，

(c)　A が円 O の外部にあるときは，双曲線 ➡

となることを証明せよ．

問題 6.17　直線 ℓ と点 A が与えられている．直線 ℓ の各点 M を通り，線分 AM に垂直な直線が描かれている．この直線族の包絡線が放物線になることを証明せよ． ➡

ここに現われた直線族は，80–81 ページに図が描かれています．これらがすべて包絡線をもつのは偶然ではありません．実のところ，「十分に良い」直線族は，平行線の集合か，1点を通る直線の集合か，また一般的な場合として，あ

る（対応する族の包絡線となる）曲線の接線の集合のどれかであることが証明できます．

6.5 曲線の方程式

本章の初めに，楕円，双曲線，放物線を幾何学的に定義しました．座標を導入すれば，これらの曲線についてもっと多くの情報を得ることができます．

放物線から始めましょう．関数

$$y = ax^2 \qquad (1)$$

のグラフとしての放物線の解析的な定義はよく知られています．

放物線の幾何学的定義から，どのようにして上の方程式が得られるかを示してみましょう．

定点 F から直線 ℓ までの距離を $2h$ とします．座標系 Oxy を，Ox 軸が ℓ に平行で，F と ℓ の両者に等距離であり，Oy 軸が点 F を通るように選びます．（すると Oy 軸は放物線の対称性の軸になります．）放物線の幾何学的定義から得られる方程式は，

$$\sqrt{x^2 + (y-h)^2} = |y+h|$$
$$\Updownarrow$$
$$x^2 + y^2 - 2yh + h^2 = y^2 + 2yh + h^2$$
$$\Updownarrow$$
$$y = x^2/(4h)$$

というように，容易に (1) に変形されます．

$a = 1/(4h)$ とおけば方程式 (1) の形になります．

$y = ax^2 + bx + c$ という形の関数のグラフも放物線であり，放物線 $y = ax^2$ から平行移動によって得ることができます．係数 a の相似変換 $(x, y) \to (ax, ay)$ により，放物線 $y = x^2$ は放物線 $y = ax^2$ になります．こうして，すべての放物線は互いに相似になります．しかし，パラメータ a の値が異なればもちろん，放物線が互いに合同ではありません．a の

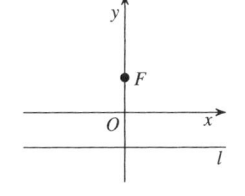

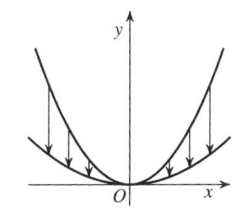

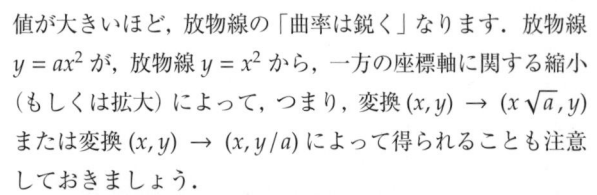

値が大きいほど，放物線の「曲率は鋭く」なります．放物線 $y = ax^2$ が，放物線 $y = x^2$ から，一方の座標軸に関する縮小（もしくは拡大）によって，つまり，変換 $(x, y) \to (x\sqrt{a}, y)$ または変換 $(x, y) \to (x, y/a)$ によって得られることも注意しておきましょう．

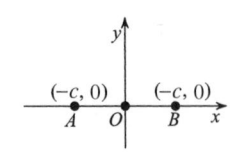

次に，焦点 A, B をもつ**楕円**と**双曲線**の場合を考えましょう．曲線の対称性の軸を Ox 軸と Oy 軸とする直交座標系をとり，2 点 A と B の座標を $A(-c, 0)$ と $B(c, 0)$ とすれば，楕円に関する次の方程式が得られます．

$$\sqrt{(x+c)^2 + y^2} + \sqrt{(x-c)^2 + y^2} = 2a \quad (\text{ただし, } a > c). \quad (2')$$

平方根をはずせば，この方程式を

$$\frac{x^2}{a^2} + \frac{y^2}{b^2} = 1 \quad (\text{ただし, } b = \sqrt{a^2 - c^2}) \quad (2)$$

というもっと便利な形に表すことができます．

後で，方程式 (2)′ から (2) を得る方法を簡単に説明します．

方程式 (2) からは，楕円が次のようにしても作られることがわかります．半径 a の円

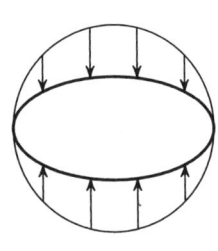

$$x^2 + y^2 = a^2$$

をとり，Ox 軸に向かって a/b の比率で縮小するのです．この縮小により，点 (x, y) は点 (x, y'), $y' = yb/a$, に変換されます．$y = y'a/b$ を円の方程式に代入すれば，楕円の方程式 $\frac{x^2}{a^2} + \frac{(y')^2}{b^2} = 1$ が得られます．こうして，ピンと紐を使わずに，楕円を得ることができます．たとえば，円形の皿をテーブルの上方で斜めに持ち，光をあててできる影は楕円になります．

比 b/a が同じ 2 つの楕円は互いに相似になります．

楕円の場合と同じ座標系をとれば，双曲線の方程式は

$$\left| \sqrt{(x+c)^2 + y^2} - \sqrt{(x-c)^2 + y^2} \right| = 2a \quad (\text{ただし, } a < c) \quad (3')$$

となり，整理すると

$$\frac{x^2}{a^2} - \frac{y^2}{b^2} = 1 \quad (\text{ただし，} b = \sqrt{c^2 - a^2}) \tag{3}$$

となります．

第 1 象限 $x \geqq 0$, $y \geqq 0$ における双曲線の様子を調べるために，関数

$$y = \frac{b}{a}\sqrt{x^2 - a^2}$$

のグラフをプロットしてみましょう．そんなに明白ではないけれど，正しいことがあって，x が大きくなっていくと，双曲線は直線 $y = \frac{b}{a}x$ にどんどん近づいていくのです．つまり，この直線が双曲線の**漸近線**になっています[3]．

実際，双曲線には $y = bx/a$ と $y = -bx/a$ という 2 本の漸近線があります．

方程式

$$xy = d \tag{4}$$

(ただし，d は定数で，$d \neq 0$ を満たす) もよく目にしますが，この解が双曲線であると言われています．

この曲線は別の種類の曲線なのか，それとも同じ曲線なのでしょうか？

もちろん，同じ曲線です．より正確には，方程式 $xy = d$ は，直交する漸近線をもつ双曲線を表しています．そのような双曲線に関する標準方程式 (3) は，

$$\frac{x^2}{2d} - \frac{y^2}{2d} = 1$$

という形をしていますが，異なる座標系を用いれば方程式の形は異なるものです．前の場合には座標軸が漸近線になっていて，後の場合には座標軸は対称性の軸になっています❓．

---

[3] ［原註］より正確には，無限大に発散する任意の数列 x_n に対して，差 $\left|\frac{b}{a}\sqrt{x_n^2 - a^2} - \frac{b}{a}x_n\right|$ が 0 に収束することを意味している．このことは，等式

$$x - \sqrt{x^2 - a^2} = \frac{a^2}{\sqrt{x^2 - a^2} + x}$$

を用いれば，容易に証明できる．

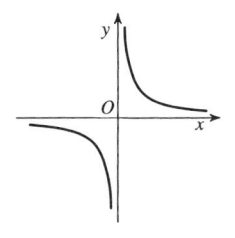

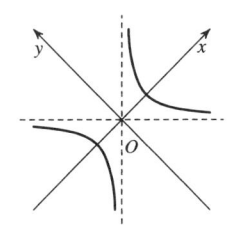

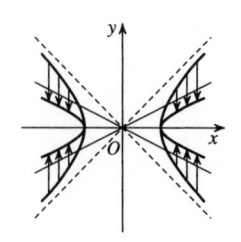

上で，縮小によって円 $x^2+y^2=a^2$ から楕円を得る方法について説明しました．それとまったく同じ方法で，双曲線 $\dfrac{x^2}{a^2}-\dfrac{y^2}{b^2}=1$ (a,b は任意) を，直交する漸近線をもつ双曲線 $x^2-y^2=a^2$ から縮小によって得ることができます．Ox 軸に向かって，a/b の比率で縮小すればよいのです．

比 b/a が等しい2つの双曲線は互いに相似です．同じことですが，漸近線のなす角 2γ ($\tan\gamma=b/a$) が等しければ相似，と言っても構いません．

6.6 平方根の消去

方程式 (2′) と (3′) から同時に，より簡単な (2) と (3) を得ることができることを示します．

$$z_1=\left(\dfrac{\sqrt{(x+c)^2+y^2}-\sqrt{(x-c)^2+y^2}}{2}\right)^2, \qquad (3'')$$

$$z_2=\left(\dfrac{\sqrt{(x+c)^2+y^2}+\sqrt{(x-c)^2+y^2}}{2}\right)^2 \qquad (2'')$$

とおきます．$x\neq 0$, $y\neq 0$ とします．すると容易に，$0<z_1<z_2, z_1+z_2=x^2+y^2+c^2, z_1z_2=c^2x^2$ が確かめられます．こうして，z_1,z_2 が z に関する2次方程式

$$z^2-(x^2+y^2+c^2)z+c^2x^2=0 \qquad (5)$$

の根であることがわかります．

(5) の左辺（の3項式）は，$z=c^2$ のとき負なので，$z_1\leqq c^2\leqq z_2$ となります．

$z\neq 0$, $z\neq c^2$ であれば，方程式 (5) は

$$x^2(z-c^2)+y^2z=z(z-c^2)$$

$$\Updownarrow$$

$$\dfrac{x^2}{z}+\dfrac{y^2}{z-c^2}=1 \qquad (5')$$

という形に書き直すことができます．

z に a^2 を代入することによって，方程式 (5′) が平面 Oxy 上で，$(a > c$ のとき) 楕円か $(a < c$ のとき) 双曲線かを定めることを示しましょう．

$a > c > 0$ としましょう．そのとき，$(x \neq 0, y \neq 0$ のとき) 式 (3″) と (2″) が方程式 (5′) の根の小さい方と大きい方を表し，それゆえ $z_1 < c^2 < z_2$ となることになります．楕円の方程式 (2′) は明らかに，$z_2 = a^2$ の形になっていますが，z_2 が (5′) の根であることから，楕円の任意の点 (x, y) $(x \neq 0, y \neq 0)$ は方程式

$$\frac{x^2}{a^2} + \frac{y^2}{a^2 - c^2} = 1 \qquad (6)$$

を満たします．逆に，点 (x, y) が方程式 (6) を満たせば，数 $z = a^2$ は方程式 (5′) の根となり，さらに $a^2 > c^2$，つまり a^2 が方程式 (5′) の大きい方の根であり，それゆえ $a^2 = z_2$ となります．つまり，$a > c$ のとき，(2′) と (6) は同値になります．

同じように，$a < c$ のとき，(3′) と (6) が同値であること，つまり双曲線の方程式 $z_1 = a^2$ も公式 (6) と理解することができます．

$x = 0$ であるか $y = 0$ であるときは，方程式 (6) はまた (それぞれ $a > c$ と $a < c$ のときに対応して) (2′) と (3′) と同値になります．

こうして，方程式 (6) は楕円と双曲線の方程式 (2′) と (3′) を統一しています．

$(a > c$ のとき$) b = \sqrt{a^2 - c^2}$，$(a < c$ のとき$) b = \sqrt{c^2 - a^2}$ とおけば，それぞれ方程式 (2) と (3) になります．こうして，(6) を使って，(2) と (2′) が，そして (3) と (3′) が同値であることが証明されました．

この証明は，平方根を消去するのにしばしば用いられる「与えられた式と一緒に，平方根の前の符号だけが異なる，共役な式を考える」という方法の説明になっています．

6.7　最後のアルファベット

最後に，もう1つ平面上の関数を考えましょう．レベル曲線の地図が，本章に現われた3種類の曲線をすべて含ん

でいるような関数で，それが本書の最後のアルファベットになります．

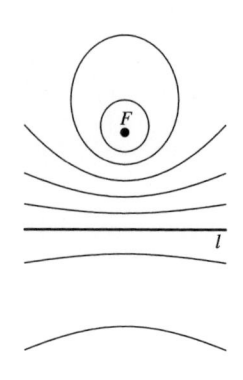

N. 点 F と，F を含まない直線 ℓ が与えられたとする．この点 F からの距離と ℓ からの距離の比が定数 k に等しい点が作る集合は，楕円 ($k<1$ のとき)，放物線 ($k=1$ のとき)，双曲線 ($k>1$ のとき) のどれかになる．

これを証明しましょう．放物線に関する節と同じように座標系を導入すると，求める集合の方程式は

$$\frac{\sqrt{x^2+(y-h)^2}}{|y+h|}=k$$

となります．$k=1$ の場合は，既に出てきたように，この方程式は放物線の方程式 $y=ax^2$ と同じものです（ただし，$a=1/(4h)$）．$0<k<1$ の場合は，

$$\frac{x^2}{a^2}+\frac{(y-d)^2}{b^2}=1 \quad (楕円) \qquad (7)$$

の形に変形され，$k>1$ の場合には，

$$\frac{(y-d)^2}{b^2}-\frac{x^2}{a^2}=1 \quad (双曲線) \qquad (8)$$

ただし，どちらの場合も，

$$a=\frac{2kh}{\sqrt{|k^2-1|}}, \quad b=\frac{2kh}{|k^2-1|}, \quad d=\frac{h(k^2+1)}{k^2-1}$$

です．

方程式 (7) と (8) は，標準方程式 (2) と (3) から，変数 x, y の役割交換と平行移動によって得られます．今度は，曲線の焦点は Oy 軸上にあり，中心は点 $(0, d)$ に移っています．点 F は，放物線だけでなく，楕円や双曲線の焦点であることが確かめられます．直線 ℓ を，どの曲線に対しても準線と呼んでいます．

こうして，関数

$$f(M)=\rho(M,F)/\rho(M,\ell)$$

のレベル曲線の集合が，楕円と双曲線，そして1つの放物線からなることがわかりました．

以下に述べるような理由で，これらの曲線が「円錐曲線」(71 ページと 80–81 ページ参照) になっていることは，推察できます．平面上で定義された2つの関数 $f_1(M) = \rho(M, F)$ と $f_2(M) = k\rho(M, \ell)$ を考えます．関数 f_1 のグラフは円錐面で，f_2 のグラフは2枚の（傾いた）半平面からなります（k は，この半平面が水平面に対する傾きの角のタンジェント（正接）です）．この2つのグラフの共通部分は，楕円か放物線か双曲線です．傾斜平面の上のこれらの曲線を水平面へ射影したものが，

$$\{M : f_1(M) = f_2(M)\} = \{M : \rho(M, F) = k\rho(M, \ell)\}$$

であり，求めたかった集合になっています．

射影すると，直線 ℓ の方に（$\sqrt{k^2+1}$ の比率で）押しつぶしたように，曲線の形は変化します．それゆえ，求める曲線はまた，楕円と双曲線，そして1つの放物線になります．

これまでに繰り返しみてきたように，本章で取り上げた楕円，双曲線，放物線という曲線には，多くの共通な性質や似通った性質があります．これらの曲線の間の関係には，すべて2次の方程式によって与えられる，という単純な代数的説明があります．もちろん，これらの曲線の標準方程式 (1), (2), (3), (4)

$$y = ax^2, \quad \frac{x^2}{a^2} + \frac{y^2}{b^2} = 1, \quad \frac{x^2}{a^2} - \frac{y^2}{b^2} = 1, \quad xy = d$$

は，特別に選ばれた座標系についてしか成り立ちません．他の座標系を選べば，もっと複雑な方程式になるかもしれません．しかし，どのような座標系であろうと，これらの曲線の方程式が

$$ax^2 + bxy + cy^2 + dx + ey + f = 0 \qquad (9)$$

（ただし，a, b, c, d, e, f は定数で，$a^2 + b^2 + c^2 \neq 0$）という形をしていることを証明するのは，難しくありません．

注目すべきことは，逆もまた真であることです．任意の2次方程式 $p(x, y) = 0$，すなわち (9) の形の方程式はこれら

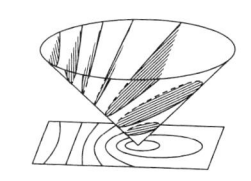

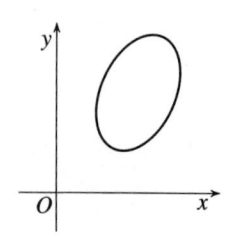

の曲線のどれかを定めるのです．もっと正確に，定理の形にしておきましょう．

定理. 方程式 (9) は，左辺が因数分解できず（因数分解できる場合は 2 本の直線が得られる），両方の符号（正と負）の値をとるなら（そうでなければ，1 点，直線，もしくは空集合が得られる），楕円か双曲線か放物線を定める．

明らかに，このことから楕円や双曲線や放物線の一般的な名前である「2 次曲線」が生まれたのです．

2 次方程式に関するこの重要な代数的定理は，幾何学的条件を満足する点集合を求めるときには大変役に立ちます．ある座標系において，その条件が 2 次方程式で表現されれば，解の集合は楕円か双曲線か放物線のどれかになるのです．（もちろん，退化しているときには，2 本の直線，楕円の特別な場合としての円，1 点，などでしょう．）後は，大きさや平面における位置（焦点，中心，漸近線など）を決めるだけでよいわけです．

問題 6.18 ℓ_1, ℓ_2 を直交する 2 直線，p をその交点とする．「q から ℓ_1 と ℓ_2 までの距離の和が，q, p 間の距離より長さ c だけ大きい」ような点 q が作る集合を求めよ．

問題 6.19 平面上に直線 ℓ と点 A が与えられている．正の数 c に対して次の条件を満たす点の集合を求めよ．

(a) A からと ℓ からの距離の和が c に等しい．
(b) A からと ℓ からの距離の差の絶対値が c に等しい．
(c) A からと ℓ からの距離の比が c より小さい．

問題 6.20 ℓ_1, ℓ_2 を交差する 2 直線，d を定数とする．

(a) $d = \rho^2(M, \ell_1) + \rho^2(M, \ell_2)$,
(b) $d = \rho^2(M, \ell_1) - \rho^2(M, \ell_2)$

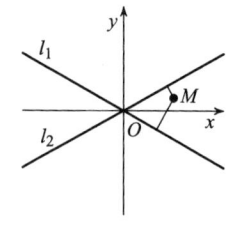

という条件を満たす点 M の集合を求め，対応する関数

(a) $f(M) = \rho^2(M, \ell_1) + \rho^2(M, \ell_2)$,
(b) $f(M) = \rho^2(M, \ell_1) - \rho^2(M, \ell_2)$

のレベル曲線の地図を描け．

問題 6.21　平面上に点 F と直線 ℓ が与えられている．
(a)　$f(M) = \rho^2(M, F) + \rho^2(M, \ell)$,
(b)　$f(M) = \rho^2(M, F) - \rho^2(M, \ell)$

という関数のレベル曲線の地図を描け．

問題 6.22　すべての頂点が蝶番になっている平行四辺形 $OPMQ$ で，頂点 O が固定されている．辺 OP と OQ を，方向が反対で大きさが等しい角速度で回転させる．残りの頂点 M はどのような曲線を動くか？

▽ $|OP| = p$, $|OQ| = q$ としましょう．OP と OQ は，反対向きに回転するので，ある時点で重なります．これを初期時点 $t = 0$ にとり，重なっている直線を Ox 軸にとります．（座標系の原点は頂点 O としています．）

2 辺 OP と OQ が角速度 ω で回転するとします．このとき，時刻 t における点 P, Q の座標は，それぞれ，

$$(p\cos\omega t, p\sin\omega t), \quad (q\cos\omega t, -q\sin\omega t)$$

となります．

それゆえ，$(\overrightarrow{OM} = \overrightarrow{OP} + \overrightarrow{OQ}$ なので) 点 $M(x, y)$ の座標は

$$x = (p+q)\cos\omega t, \quad y = (p-q)\sin\omega t$$

となります．したがって，点 M は楕円

$$\frac{x^2}{(p+q)^2} + \frac{y^2}{(p-q)^2} = 1$$

を描きます．　　△

この問題の解答では，楕円が，

$$x = a\cos\omega t, \quad y = b\sin\omega t \tag{10}$$

の形の点 (x, y) の集合として得られました（t は任意の実数）．座標 (x, y) が補助的なパラメータ（媒介変数）t で表

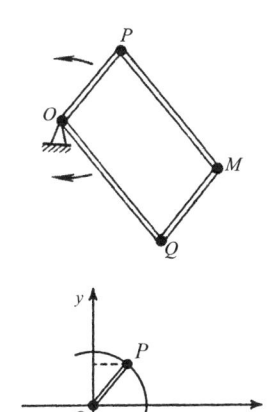

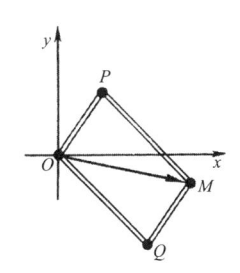

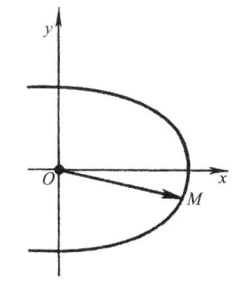

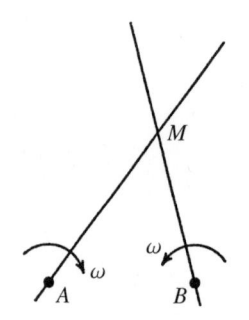

される．こういう形の方程式を**パラメータ方程式**と呼びます．この場合では，パラメータ t は時間を表しています．

問題 6.23* 平面上で，固定された点 A, B を通る 2 直線が，それぞれの点のまわりを等しい角速度で回転する．2 直線の回転が反対向きならば，交点 M はどのような曲線を描くか？→

問題 6.24* 平面上に線分 AB が与えられている．$\angle MBA = 2\angle MAB$ を満たす点 M の集合を求めよ．→

問題 6.25* (a) 与えられた角領域から面積 S の三角形を切り取るすべての線分を考える．これらの線分の中点はすべて，角領域の 2 辺が漸近線であるような双曲線上にあることを証明せよ．→

(b) 上の線分はすべて，この双曲線に接していることを証明せよ．→

(c) 漸近線によって双曲線の接線から切り取られる線分は，接点で二等分されることを証明せよ．→

問題 6.26* (a) 二等辺三角形 ABC ($|AC| = |BC|$) が与えられているとする．

「M から直線 AB までの距離が，M から直線 AC までと BC までの距離の幾何平均[4]に等しい」という条件を満たす平面上の点 M の集合を求めよ．

(b) 正三角形の辺をなす 3 直線を考える．「M からどれかの直線までの距離が，M から残りの 2 直線までの距離の幾何平均に等しい」という条件を満たす平面上の点 M の集合を求めよ．

問題 6.27* 菱形の 3 つの頂点がそれぞれ，与えられた正方形 $ABCD$ の対応する辺 AB, BC, CD の上に乗っている．第 4 の頂点の存在し得る場所はどこか？

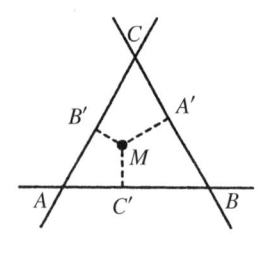

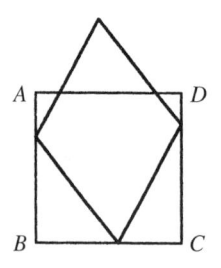

---
[4] [訳註] 相乗平均のこと．ヨーロッパ言語ではこう呼ばれる．ちなみに，相加平均は，算術平均と呼ばれる．

6.8 代数曲線

当然のことですが，幾何学的な問題に現われる点集合が直線と 2 次曲線に限るわけではありません．例を 2 つ考えてみましょう．

2 定点 F_1, F_2 からの距離の積が与えられた正数 p に等しいような点の集合は，**カッシーニの卵形線**と呼ばれています．この曲線のなす族の全体，つまり関数

$$f(M) = \rho(M, F_1)\rho(M, F_2)$$

のレベル曲線の族が図にあるものです．

この曲線の方程式は，

$$((x-c)^2 + y^2)((x+c)^2 + y^2) = p^2$$

と書くことができます．$p = c^2$ のときは「8 の字」というとくに面白い形をしており，$p < c^2$ のときは 2 つの部分に分離し，それぞれ点 F_1 と F_2 を囲んでいます．

例をもう 1 つ．点 F と直線 ℓ が与えられたとしましょう．点 M に対し，直線 FM と ℓ の交点から点 M までの距離を $q(M)$ で表します．点集合 $\{M : q(M) = d\}$ は，**ニコメデスのコンコイド**と呼ばれます．F が原点で，ℓ が方程式 $y + a = 0$ で与えられるような座標系では，この曲線の方程式は次のように表されます．

$$(x^2 + y^2)(y+a)^2 - d^2 y^2 = 0.$$

一般に，x, y の多項式 $P(x, y)$ に対して，方程式 $P(x, y) = 0$ で与えられる曲線は**代数曲線**と呼ばれています．（因数分解できないとき）多項式 P の次数をこの曲線の**次数**と呼びます．つまり，カッシーニの卵形線もコンコイドも 4 次曲線です．この 2 つの例から既に明らかなように，（次数が 2 より大きい）代数曲線には何かしら奇妙なところがあります．たとえば，こうした曲線には特異点（$a = d$ のときのコンコイドのようなカスプ（尖点），あるいは，自己交差点）があるし，パラメータが変われば曲線の形が劇的に変化することもあります．次章では，新しい曲線が登場することになります．

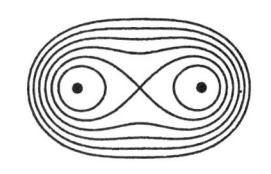

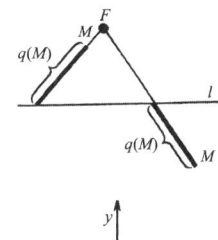

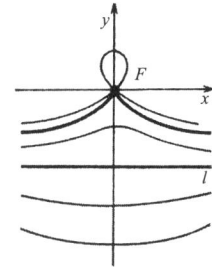

第7章
回転と軌跡

　本章では，円上の点が直線や他の円に沿って回転してできる軌跡として自然に作られる，面白い曲線を紹介します．これらの曲線の興味ある性質は，大部分が接線に関係したものです．まず，ある円が他の円に沿って回転するときにその円の点が描く曲線である，サイクロイドを調べることから始めましょう．序章の終わりの方で問題 **0.1** を定式化し直したとき，直線族の包絡線として実現される曲線が登場したことを思い出してください．この包絡線はアステロイドと呼ばれ，4個のカスプ（尖点）がある曲線でした．ここでは，もっと詳しくこのことを調べ，また反射した光線がカップの中に作る光模様に，特徴的な特異点であるカスプがあるのはなぜか，ということについて考えていきます．古典的な幾何学のファンの人なら，三角形の9点円，そのウォレス−シムソン線とそれらの包絡線，そして3つのカスプをもつサイクロイドであるシュタイナーのデルトイドの間に関係があることを発見するでしょう．

　まず，もっとも簡単なサイクロイドについて勉強します．

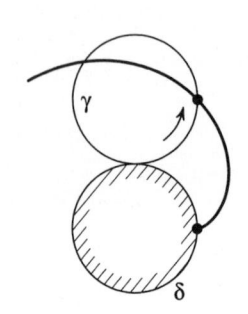

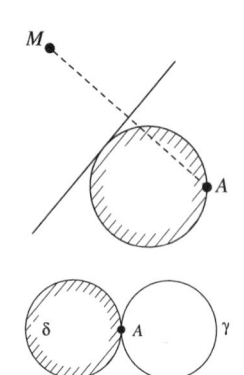

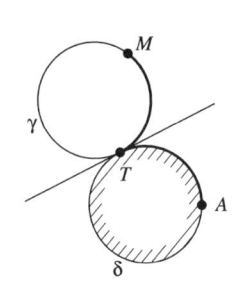

7.1 カージオイド

通常この曲線は，以下のように動く点の軌跡として，定義されます．与えられた静止している円のまわりを，同じ半径の別の円が滑ることなく回転しているとします．動円上の1点を固定します．この点が描く曲線は**カージオイド**（心臓型曲線）と呼ばれます．

他にも，カージオイドを幾何学的に定義することができます．そうした定義を2つ，読者への演習の形で述べてみましょう．

問題 7.1 次を証明せよ．

(a) A を与えられた円の点とする．この円のすべての接線に関して，A と対称な点が作る集合を考える．この集合がカージオイドになることを証明せよ．

(b) 上と同様，A を与えられた円の点とする．この円のすべて接線に対して，A から下ろした垂線の足が作る集合を考える．この集合がカージオイドになることを証明せよ．

▽ (a) 与円 δ と点 A で接し，δ と半径が同じ円 γ を考えます．円 γ が円 δ のまわりを回転しているとします．最初の瞬間に点 A と一致しているような動円上の点 M の軌跡を追跡してみましょう．

円 γ は滑ることなく回転するものとします．このことは，任意の時点で，2円の接点 T に対し，円弧 AT と MT の長さが等しいということを意味します．それゆえ，点 T を通るように引かれた接線に関して，M は点 A と対称な点になります．

1回転して点 T が円 δ を一周すると，M はカージオイドの全体を動くことになります．

(b) 明らかに，この集合は，(a) で求めた集合から，比例係数が 1/2 で中心が A の相似変換によって得られます．それゆえ，これもカージオイドになりますが，大きさは (a) のカージオイドの半分になっています． △

問題 **7.1** を使えば，好きなだけの数のカージオイド上の点をプロットすることができ，したがって，極めて精確に描

くことができます．カージオイドは，点 A に特徴的な特異点であるカスプがある閉曲線です．この曲線の形は，リンゴの切断面に似ており，名前の由来のように，どことなく心臓の形にも似ています（語源のカルディア (Kardia) は，ギリシア語で「心臓」という意味です）．

カージオイドが「円周族の包絡線」として得られるという次の見事な定義も，問題 **7.1** から導かれます．

問題 7.2[*] 　円 γ とその上の点 A が与えられている．点 A を通る円で，その中心が円周 γ 上にあるものすべての和集合は，カージオイドを境界とする領域になる．➡

7.2　回転の合成

ここで，運動学を援用して，曲線の幾何学的な性質を決定する方法を考えてみましょう．カージオイドがそうした例となっています．しかし先に話を進める前に，問題 7.1(a) の解答の最後の文章を詳しくみてみることにしましょう．

そこでは，点 T が**一周りした後**で最初の点 A に戻るという言い方をしました．これから幾つもの異なる回転を扱うので，この言葉づかいをもっと正確なものにしておく必要があります．つまり，「一周り」とは一体どういうことなのか，言い換えれば，厳密にはどのような回転を問題にしているのかを定めておく必要があるのです．

そこで意味していることは，動円 γ の中心 P が（したがって，接点 T が）一周りするということです．しかし，円周 γ 自身は（円板として見た方がよいでしょうが）中心 P のまわりをずっと速く回転しています．この運動をもっと詳しく調べてみましょう．

問題 7.3　動円 γ が同じ半径の定円 δ に沿って転がり，γ の中心 P が δ のまわりを一周りしたとする．その間に，円 γ は中心 P のまわりを何回転するか？

▽　円 γ の回転を追跡するために，円 γ の半径 PM を描きましょう．E を平面上の定点とし，EN を $\overrightarrow{EN} = \overrightarrow{PM}$ を満

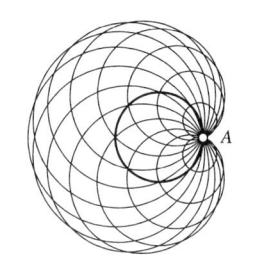

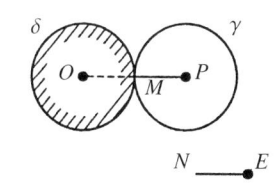

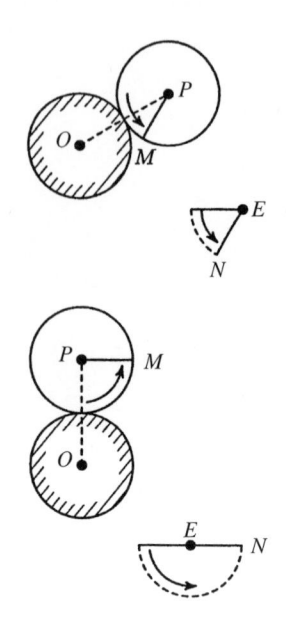

たす線分とします．問題はこうです．「線分 OP が $360°$ 回転する間に線分 EN が端点 E のまわりを何回転するか？」言い換えれば，この 2 線分の角速度の比を求めるということです．

この問題に答えるためには，動円が異なる 2 つの位置について考えれば十分です．図から，半径 OP が $90°$ 回れば，線分 EN は $180°$ 回ることがわかります．同じようにして続ければ，半径 OP が $360°$ 回るときは，線分 EN は $720°$ 回ることがわかります．つまり，ちょうど 2 周りするのです（角速度の比は 2 に等しい）．これが問題 7.3 の答です．△

問題 7.3 の解答で，点 E を定円の中心 O とし，そこから $\overrightarrow{OQ} = \overrightarrow{PM}$ となるように線分をとれば，平行四辺形 $OPMQ$ が得られます．

円 γ が δ のまわりを一様に回転するとき，頂点 O は不動であり，辺 OP と OQ はそれぞれ角速度 $\omega, 2\omega$ で（同じ向きに）回転します．こうして，蝶番つきの平行四辺形という簡便なモデルを使う，カージオイドのもう 1 つの定義が得られました．

命題． 辺 OP と OQ ($|OP| = 2|OQ|$) が点 O のまわりを角速度 ω と 2ω で回転するとき，平行四辺形 $OPMQ$ の第 4 の頂点 M の軌跡はカージオイドとなる．

こうなれば，カージオイドの作図法をもう 1 つ与えることも難しくないし，この曲線の魅惑的な性質もさらにいくつか得られます．

問題 7.4 半径 r の円 δ とその上の点 A が与えられている．点 A を通る任意の直線 ℓ 上で，ℓ と δ の交点 Q ($A \neq Q$) から長さ $2r$ の線分 QM を切りとれば，得られる点 M 全体の集合はカージオイドとなる．

▽ 直線 ℓ を引くごとに，Q と M を問題のようにとって，平行四辺形 $OPQM$ を作図します．直線 ℓ が点 A のまわりに角速度 ω で回転すれば，（第 1 章の円周上の指輪に関する定理より）平行四辺形の辺 OP と OQ はちょうど ω と

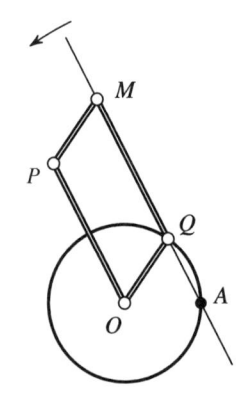

2ω の角速度で回転することになり，そのため点 M はカージオイドを描きます． △

問題 **7.1** と **7.4** を用いて，大きな紙の上にカージオイドを描いてみれば，同じ曲線が得られるのがわかるでしょう．おそらく，第 2 の方法の方がずっと便利です．問題 7.4 で，点 Q から長さ $2r$ の線分 QM を切り取るのは，どちらの方向にも可能なことに注意しましょう．このとき，カージオイドの 2 点 M_1, M_2 が得られます．この 2 点は，蝶番つきの平行四辺形の相対する 2 つの配置[1)]に対応しています（点 Q が 1 周して最初の位置にもどれば，辺 QM は 180° 回転し，点 M_1 は M_2 に重なります）．この状況から次の性質が導かれます．

問題 7.5 点 A にカスプをもつカージオイドが与えられたとする．点 A を通るカージオイドの任意の弦 $M_1 M_2$ の長さが $4r$ であり，さらに弦の中点がカージオイドを作り出す（半径 r の）定円上にあることを証明せよ．

問題 7.6 図のように，垂直断面が半円の穴がある．地面に垂直な平面内で，長さ $2r$ の棒が，下端を地中の穴の底から離さないようにして動くとする．さらに，この棒が穴の端の地面からも離れないとする．自由に動く棒の上端が，カージオイド（の一部）に沿って動くことを証明せよ．

問題 7.7 半径 $2r$ の輪が，半径 r の静止円の外側を，滑ることなく転がっている．輪の上の定点の軌跡がカージオイドになることを証明せよ．

▽ この問題の 1 つの解が，コペルニクスの定理 **0.3** と見比べることで得られます．実際ここで同じ 2 つの円を扱いますが，内側の半径 r の円が固定されており，外側の半径 $2r$ の円がそのまわりを回転します．この状況でコペルニクスの定理からわかることは，輪に棒を直径 $M_1 M_2$ に沿って固定すると，回転している間，この棒が静止円のある点 A を

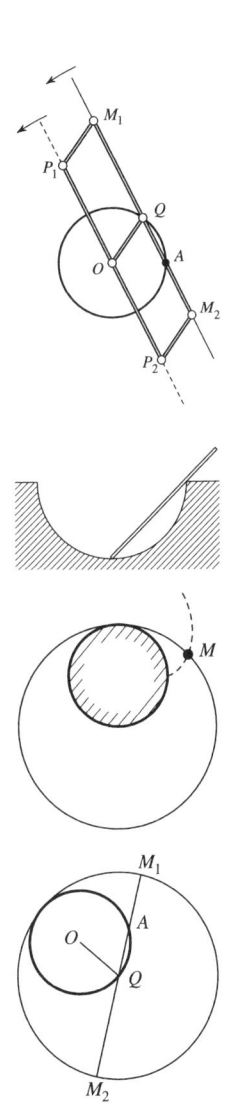

[1)] ［訳註］$\overrightarrow{OP_1}$ と $\overrightarrow{OP_2}$ が反対向きになる配置．

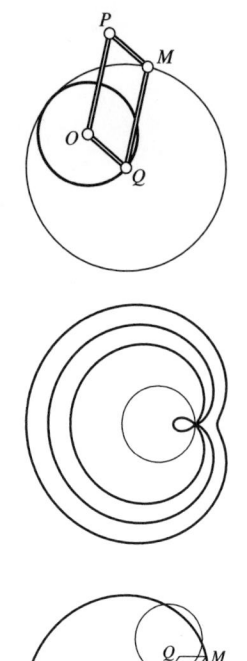

通ることです．同時に，棒 M_1M_2 の中点 Q は静止円 δ のまわりを動き，$|M_1Q| = |M_2Q| = 2r$ となっています．それゆえ，問題 7.4 の状況になったので，点 M_1 と M_2 は同じカージオイド上を動くことがわかります．

この問題は，蝶番つきの平行四辺形の問題の類題を作ることによって，少し別の方法でも解くことができます．M を追跡すべき輪の上の点，Q を輪の（変化する）中心として，平行四辺形 $OPMQ$ を作図します．平行四辺形のリンク OQ が角速度 2ω で回転すれば，輪は，またそれに伴ってリンク QM は，角速度 ω で回転します． △

今までかなり詳しく考えてきた曲線であるカージオイドは，自然に**円のコンコイド**または**パスカルのリマソン**（蝸牛線）と呼ばれる曲線族に含まれます．問題 7.4 の主張を考えましょう．点 A を通る直線 ℓ 上で，一定の長さ h の線分 QM を（どちらかの方向に）切り取ります．すると，あらゆる $h > 0$ に対しこれらの曲線が 1 つ得られます．$h = 2r$ のときがカージオイドです．あらゆる h に対して，パスカルのリマソンを運動学的に定義することもできます．次の問題でやってみましょう．

問題 7.8 （a） 蝶番つきの平行四辺形において，頂点 O が固定されており，辺 OP と OQ がそれぞれ角速度 2ω と ω で回転するとき，頂点 M がパスカルのリマソンを描くことを証明せよ．

（b） 平面に半径 r の円が固定されている．そのまわりを半径 r の円が転がっており，後者の円には平面がずれないように固定され，円と一緒に動くものとする．この平面上の任意の点がパスカルのリマソンを描くことを証明せよ．

（c） 半径 r の動円の代わりに，静止円に外接する $2r$ の輪があるとして，問題 (b) を解け．

今度は，カージオイドの場合とは異なる速度比をもつような回転の合成を考えることが必要な問題をいくつか調べてみます．102–103 ページの図で示した他のサイクロイド

に気がつくことになるでしょう．

問題 7.9　半径 R の静止円の外側を，半径が (a) $R/2$, (b) $R/3$, (c) $2R/3$ の円が転がっている．それぞれの場合に，その円の中心が静止円の中心のまわりを 1 周りする間に，この円自身は何回周ることになるか？➡

問題 7.10　円が内側を転がるとして，同じ問題を解け．

問題 7.11　直径 6 mm の車軸と直径 10 mm の静止した外枠の間に，直径 2 mm のボールベアリングがある．車軸が回転するとき，ボールは車軸と外枠のまわりを，滑ることなく転がる．車軸が毎秒 100 回転の角速度で回転するとき，

(a)　ボールの回転する角速度，

(b)　ボールの中心が車軸の中心のまわりを動く角速度

を求めよ．

問題 7.12　回転砥石を動かすための歯車が，図に示すように組み立てられている．ハンドル OQ を回転させて歯車を動かすとき，小さい方のホイール（砥石）がハンドルより 12 倍速く回転するようにしたい．2 つの回転するホイールの半径の比を求めよ．

　ある円が他の円のまわりを転がるとして，動円上の 2 点を考えてみましょう．明らかに，この 2 点は合同な軌跡を描くことになります．特別な場合には，これら 2 曲線が一致することもありえます．同じ曲線に沿って，一方の点が他方の後を追いかけるように動くわけです．たとえば，問題 7.7 の解答がその場合になっていて，輪の直径対点は同じカージオイドを描いていました．このことは，2 点の軌跡が静止円上の同じ点にカスプをもつことを確認するだけでも納得されるでしょう．同様な見方は以下の問題でも使うことができます．

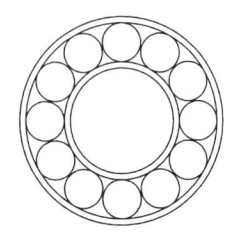

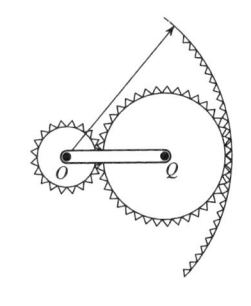

図 1

図 2

図 3

図 4

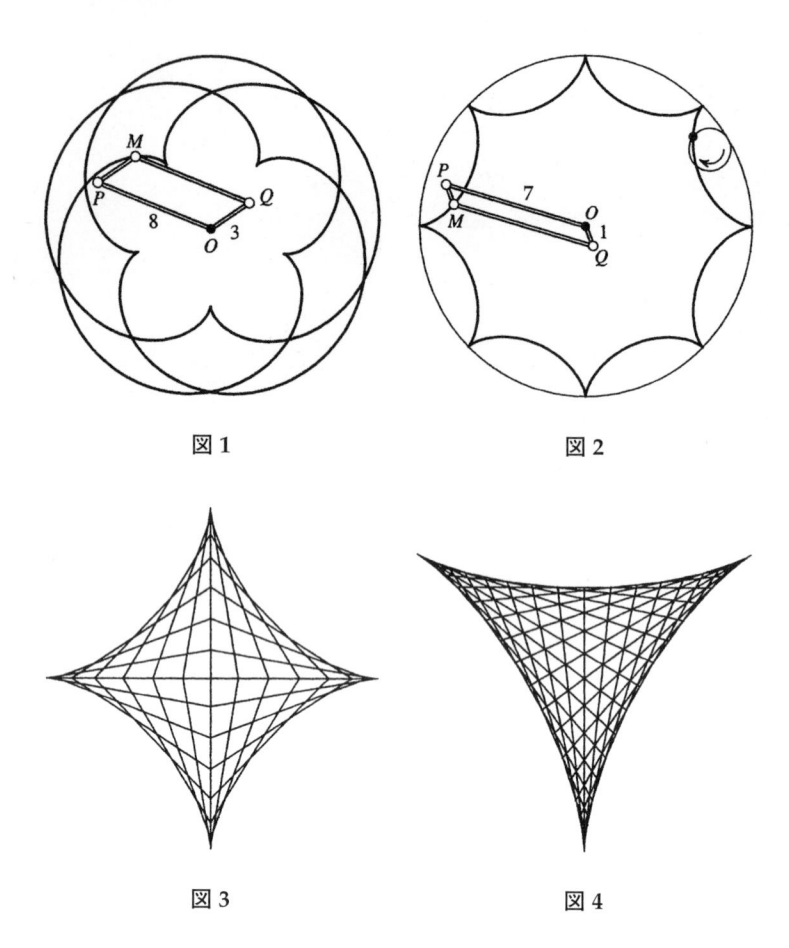

蝶番つきの平行四辺形 $OPMQ$ があって，頂点 O を固定して，2 辺 OP, OQ が O のまわりで回転している．$k \neq 0, +1, -1$ に対して，角速度の比 ω_{OP}/ω_{OQ} が k で，2 辺の長さの比 $|OP|/|OQ|$ が $1/|k|$ に等しいときに，頂点 M の描く曲線が k-**サイクロイド**である

2 点 L, M がある円周上を一様に動いていて，両者の角速度の比 ω_L/ω_M が k に等しいなら，直線 LN のなす族の包絡線は k-サイクロイドである（問題 **7.19**）．

k-サイクロイドと $1/k$-サイクロイドは一致する（問題 **7.14**）．

k-サイクロイドは，半径 $|k-1|r$ の円を滑ることなく転がる半径 r の円上の点の軌跡としても定義できる（ただし，$k > 1$ のときは外側を，$k < 1$ のときは内側を転がるものとする）．

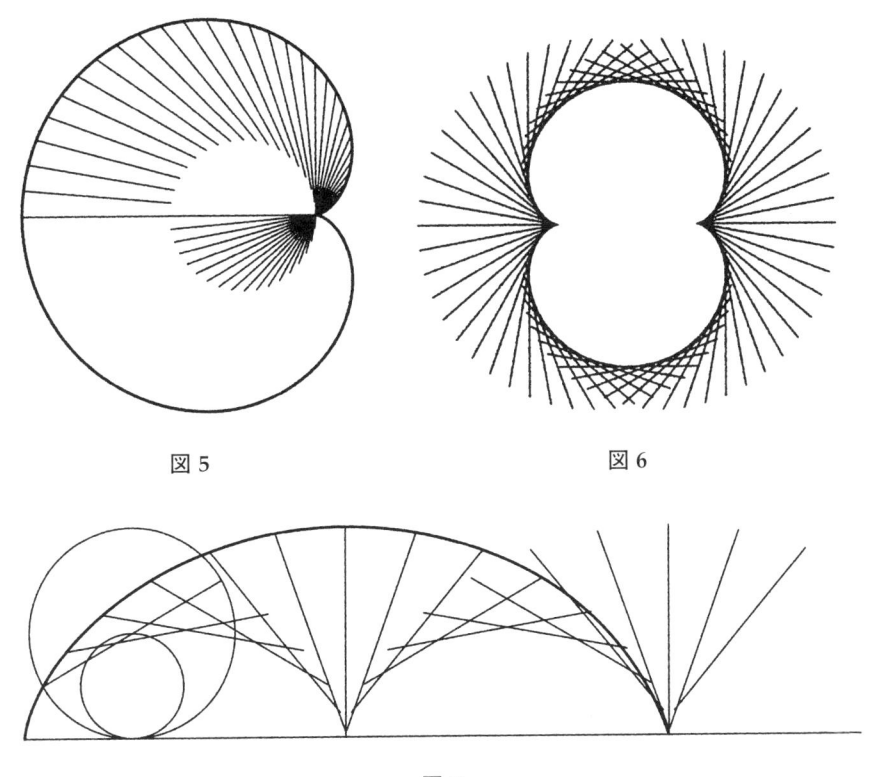

図 5

図 6

図 7

　通例，k-サイクロイドは，$k > 0$ のとき**外サイクロイド**，$k < 0$ のとき**内サイクロイド**と呼ばれる．図 1–6 には，$k = 3/8, -1/7, -3, -2, 1/2, 3$ に対応する k-サイクロイドが描かれている．図 3 から図 6 までの 4 曲線には，それぞれ，**アステロイド**，**シュタイナーのデルトイド**，**カージオイド**，**ネフロイド**という特別な名前がある．また，これらの曲線に関係する線分の族が描かれている．それぞれの図において，線分の長さはすべて等しい（問題 **7.4**，105 ページの 2 つの円の定理，問題 **7.21**）．

　最後の図 7 には，直線上を転がる円周の点の軌跡が示されている．この曲線は**サイクロイド**として知られている．転がる円の直径が作る直線族の包絡線は，大きさが半分のサイクロイドになる（2 つの円の定理）．

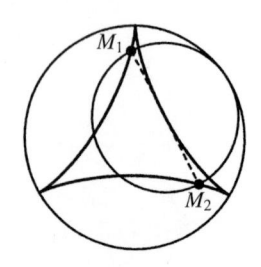

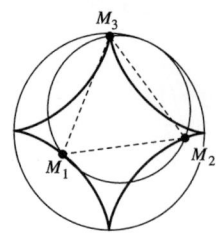

問題 7.13 （a） 半径 $2R/3$ の円 γ が，半径 R の円の内側を転がるとする．M_1 と M_2 が γ の直径対点であれば，γ が転がるにしたがって，この2点がまったく同じ**シュタイナー曲線**を描くことを証明せよ．→

（b） 半径 $3R/4$ の円上で正三角形の頂点をなしている3点 M_1, M_2, M_3 は，この円が半径 R の円の内側を転がるにしたがって，同じ**アステロイド**という曲線を描くことを証明せよ．

（c） 半径の $3R/4$ を $3R/2$ に代えて，(b) と同じ問題を解け．この場合，アステロイドの代わりに**ネフロイド**（と輪のように，静止円に外接しながら周る動円）が得られる．

この問題において，**シュタイナー曲線**（シュタイナーの**デルトイド**ともいう），**アステロイド**（星を意味する**アストラ**に由来），**ネフロイド**（腎臓を意味する**ネフロス**に由来）という3種の曲線が，102–103 ページで定義されるのとは少し異なるやり方で得られています．

カージオイドの例でもわかるように，1つの同じ曲線が，同じ静止円のまわりを転がる異なった2円上の点の軌跡として得られることがあります．（カージオイドの最初の定義と問題 **7.7** を比べてみてください．前者では，動円の中心が蝶番つきの平行四辺形 $OPQM$ の頂点 P であり，後者では Q です）．次の問題では，合同な軌跡を得るために，2円の半径の比をどうとればよいかが示されています．

問題 7.14[*] （a） 半径 R の静止円の外側を転がる半径 r の円上の点が描く軌跡と，静止円に外接するように転がる半径 $R+r$ の円（輪）上の点が描く軌跡は合同であることを証明せよ．

（b） 半径 R の静止円の内側を転がる半径 r の円上の点が描く軌跡と，同じ静止円に内接するように転がる半径 $R-r$ の円上の点が描く軌跡は合同であることを証明せよ．→

これらの問題を解くには，複雑な回転の角速度の比の計算法を学んでおく必要があります．どうすればよいかは後で説明するとして，今はサイクロイドのもっとも興味深い性質，サイクロイドの接線の性質の話を続けることにしま

しょう．

7.3　2つの円の定理

　曲線 γ に沿ってすべることなく転がる半径 r の円上の点 M の軌跡に対し，その接線族を描くことができるような，不思議な法則を定式化しましょう．同じ曲線 γ に沿って半径 $2r$ の円を転がします．この円に固定されている直径 KL がある時点で，端点 K と点 M が曲線 γ 上の点 A と重なる位置にあったとしましょう．そのとき，あらゆる時点で**直径 KL は点 M の軌跡に接する**ことがわかるのです．言い換えれば，**軌跡はすべての位置での直径 KL からなる直線族の包絡線になります．**

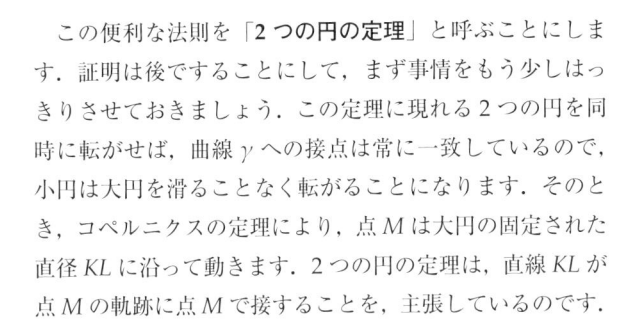

　この便利な法則を「**2つの円の定理**」と呼ぶことにします．証明は後ですることにして，まず事情をもう少しはっきりさせておきましょう．この定理に現れる2つの円を同時に転がせば，曲線 γ への接点は常に一致しているので，小円は大円を滑ることなく転がることになります．そのとき，コペルニクスの定理により，点 M は大円の固定された直径 KL に沿って動きます．2つの円の定理は，直線 KL が点 M の軌跡に点 M で接することを，主張しているのです．

　具体的な例に移って，序章で話した曲線族から始めましょう．点 M と印をつけた半径 r の円が，半径 $4r$ の円の内側を転がるとします．直径 KL を固定した半径 $2r$ の円も一緒に転がっています（最初の時点で，点 K, M は静止円上の点 A と重なっていたとします）．コペルニクスの定理から，直径 KL の両端点は，静止円の直交する2つの直径 AA', BB' に沿って滑ります．と同時に，2つの円の定理によって，動いている直径 KL は点 M の軌跡に接しています．つまり，**直線 KL の包絡線は，点 A, B, A', B' にカスプをもつアステロイドになります．**

　次の問題はカージオイドに関するものです．

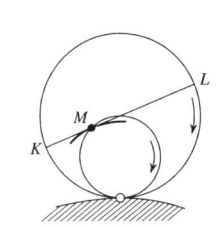

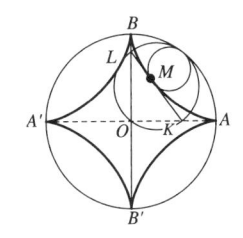

問題 7.15*　　円上に点 B が与えられている．B からの光

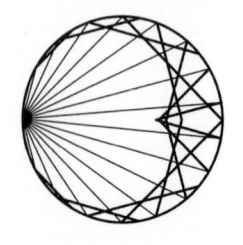

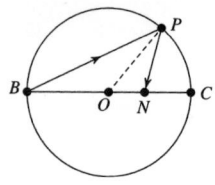

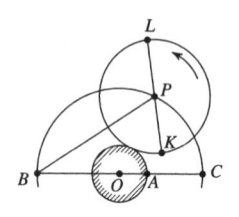

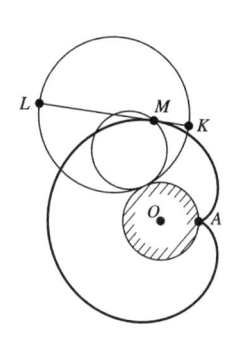

線が円周上の任意の点に向かってそこで反射される（円の接線に対する入射角と反射角が等しい）．反射光線族の包絡線がカージオイドであることを証明せよ．

▽ 「反射」円の中心を O，点 B の直径対点を C とします．光線 BP が，点 P で反射した後，線分 BC 上の点 N に到達したとします（とりあえず $\angle PBC \leq 45°$ とします）．このとき $\angle PNC = \angle BPN + \angle PBN = 3\angle PBC$ となります．このことは，光線 BP を角速度 ω で回転させると，反射光線の方は角速度 3ω で回転し，（第 1 章の「指輪の定理」によって）反射点 P の方は，反射円を角速度 2ω で動くことを意味しています．この関係は $\angle PBC > 45°$ の場合も成り立つことは明らかです．

問題の直線 PN の族は次のように得ることができます．半径 $2r$ の円を，直径 KL と一緒に，中心 O，半径 $|OB|/3$ の静止円のまわりを転がします（最初の時点で，直径 KL が直線 BC に重なっているとします）．動円の中心 P が，中心 O で半径 $3r$ の円のまわりを角速度 2ω で回転するなら，反射光線と同じように，直線 KL は角速度 3ω で回転します❓．

2 つの円の定理により，直線 KL の族の包絡線は，中心が O で半径 r の円のまわりを転がる同じ半径 r の円上の点 M の軌跡，つまりカージオイドになります．最初の時点で，点 M は，線分 BC を $2:1$ の比に分割する点 A と一致しています．この点がカージオイドのカスプになります． △

この「カスプ」は，ランプや太陽からの入射光線が，傾けて置かれたカップやシチュー鍋の底で反射してできる光の模様などで，しばしば目にするものです．しかし，このような場合は，円上の 1 点から発する光線ではなく，平行な入射光線の束を考える方が自然です．そのときはカージオイドではなく，同様な「カスプ」をもつ別の既知の曲線が得られます．

問題 7.16° （図に示したように）平行光線の束が半円形の鏡に射していれば，反射光線は半分のネフロイドに接

することを証明せよ．

鏡が放物線の形であれば，第 6 章にあったように，反射光は放物線の焦点である 1 点に集まります．このことから，**円の焦線**というネフロイドの別名が生まれました．

問題 7.17 半径 r の円が，

(a) 半径 r の円の外側

(b) 半径 $3r/2$ の円の内側

を回転するとき，この円に固定された直径が作る直線族の包絡線を求めよ

後でもういくつか，接線族に関する面白そうな問題がでてきますが，その前にまず，解いたばかりの数問と 2 つの円の定理の証明で使った，運動学的な概念を議論しておきましょう．

7.4 速度と接線

複数の回転に関する角速度の比を決定したいとき，問題 7.4 で使った原始的な方法よりも便利な方法があります．まず最初に角速度の加法の規則があります．これは，新しい座標系に移行すると線形速度の加法の規則と似た形のものになります．

反時計廻りの回転に対応する角（と角速度）は正，時計廻りの角と回転は負であるとします．

そのとき，直線 ℓ_2 が直線 ℓ_1 に関して角 φ' の回転をし，ℓ_3 が ℓ_2 に関して角 φ の回転をすれば，ℓ_3 は ℓ_1 に関して角 $\varphi + \varphi'$ の回転をします．それゆえ，「固定された」図形 γ_1 に関して，図形 γ_2 が角速度 ω' で回転し，γ_2 に関して γ_3 が角速度 ω で回転するなら，γ_3 は γ_1 に関して角速度 $\omega + \omega'$ で回転する．ここで取り上げるのは主として円の回転なので，その回転の追跡を容易にするため，円ごとに半径の大きさを書き込むことがあります．

この規則をどう使えばよいかをみてみましょう．最初に，半径 r の 2 つの円を考え，その中心は固定され，その間の距離が $2r$ であるとします．この 2 円が滑ることなく回転する

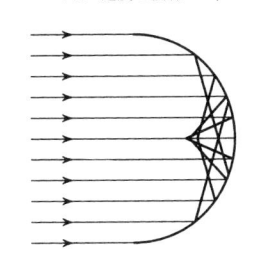

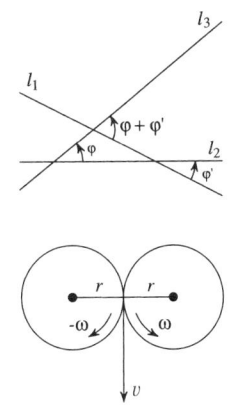

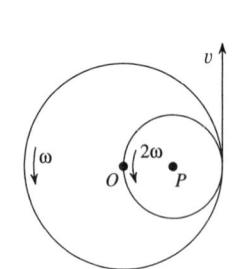

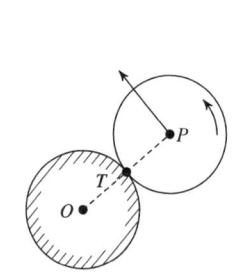

なら，それぞれの角速度は大きさが等しく，符号が反対になっています．一方の角速度を $-\omega$，もう一方を ω とします．2 円の接点での線形速度が等しいことが，その理由です（ここで，2 円が滑ることなく回転していることが使われています）．点 M の位置が，角速度 ω で回転している円の中心から距離 r だけ離れていれば，M の線形速度は $v = \omega r$ となります．**線形**速度に関する等式から，**角**速度（の絶対値）の等式が得られます．

ここで，最初の円に固定された基準系に移りましょう．すると，すべての角速度に ω を加えなければいけません．つまり，最初の円の角速度は 0 で，第 2 の角速度は 2ω になります．これは既に問題 **7.4** で出てきたことです．

もう 1 つの例を考えます．互いに接している半径 $R = 2r$ の円と半径 r の円の，それぞれの中心 O と P の間の距離を r とします（しばらくの間，2 つの中心は固定しておきます）．角速度は，それぞれ ω と 2ω になります（角速度の値の比は半径の比に反比例します）．小円に固定された基準系では，大円の角速度は $-\omega$ で，小円の角速度は 0 です（これは，コペルニクスの定理 **0.3** で話題にした運動でした）．大円に固定された基準系では，大円と小円の角速度は，それぞれ 0 と ω です（問題 **7.7** 参照）．

しかし角速度を決定するとき，回転する基準系の導入を避けることができます．そのためには，転がる円（ホイール）上の点の（線形）速度の求め方を明らかにする必要があります．この問題は，サイクロイドの接線を扱う次節ではたいへん重要になります．

それでは最初の例にもどって，半径 r の円のまわりを転がる同じ半径の円の，ある時点の配置を考えましょう．その時点で 2 円の接点と一致する動円上の点を T とします．（滑らずに転がるとしているので）この点の速度は 0 に等しくなります．他の点の速度を求めるにはどうすればよいでしょうか？

それには次のモッツィの定理を使います．

「任意の時点で，**平面内を運動する剛体的な板の点の速度**

は平行移動する板か回転する板の速度のいずれかである」

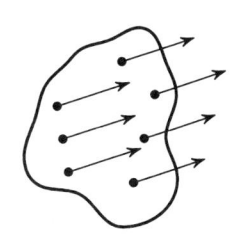

という定理です．平行移動の場合は，すべての速度の大きさが等しく，方向が同じであるということで，回転の場合は，線形速度が 0 に等しい点 T があって，他の任意の点 M の線形速度は，大きさが $|MT|\omega$（ω は板の角速度）に等しく，線分 MT に垂直であるということです．後者は，とくに転がる円に対して適用でき，接点が点 T（「瞬間回転中心」）の役割をします．（でこぼこ道を転がる歪んだ車輪に対しても，このことは正しいのです．）このことを使って，転がる円板の角速度 ω_1 と，円板の中心 P の静止円の中心 O のまわりを回転する角速度 ω_2 との比を求めることができます．そのため，点 P の線形速度を 2 通りに表します．一方では $2r\omega_2$ という値であり，他方では，T が瞬間回転中心なので，$r\omega_1$ となります．それゆえ，$2r\omega_2 = r\omega_1$ となるので，$\omega_1 = 2\omega_2$ となります．

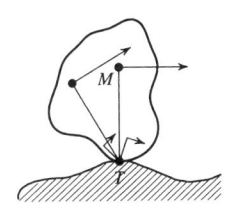

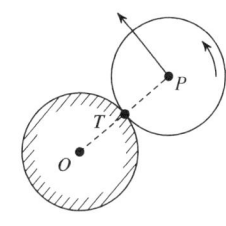

半径 r の円が半径 $2r$ の円の内側を転がり，大円の中心が（半径 r の円のまわりを）角速度 $\omega_2 > 0$ で動くとしましょう．上と同じ理由で，次のように推論できます．問題の円の角速度を ω_1 すると，まず $\omega_1 < 0$ です．点 P の速度を 2 通りに表すことにより，$|\omega_1 r| = |\omega_2 r|$ が，それから $\omega_1 = -\omega_2$ がわかります．

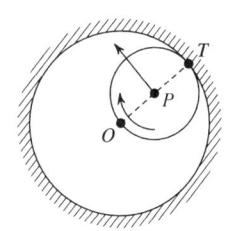

他の複雑な回転について調べる際にも，同様な推論が役に立ちます．

しかし，とくに大切なことは，モッツィの定理によって，図形のあらゆる点での速度の**方向**が求められることです．点 M の速度は，M と瞬間回転中心 T を結ぶ線分 MT に直交する方向を向いています．

ここで，コペルニクスの定理のもう 1 つの別証明を与えてみましょう．中心が O で半径が $2r$ の円の内側を転がる，半径 r の円上の点を M とします．どの時点でも，点 M の速度は，線分 TM に垂直です．ただし，T は 2 円の接点（であり，小円の瞬間回転中心）です．こうして（T と O が小円の直径の両端なので），点 M の速度の方向は常に直線 MO に沿っています．したがって，点 M は大円の直径に沿って

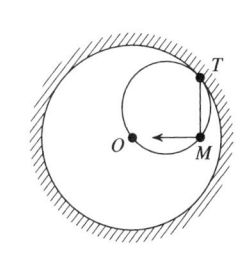

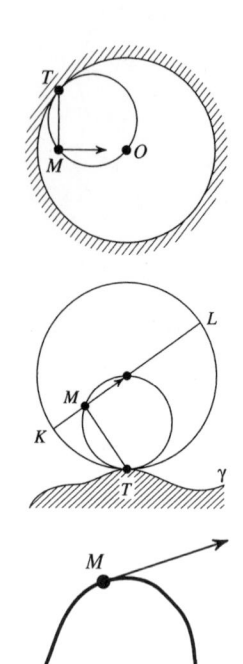

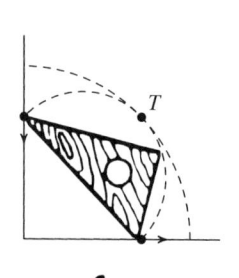

動くことになり，これがまさにコペルニクスの定理の主張だったわけです．

さて，**2つの円の定理**の証明をしましょう．曲線（または直線）γ に沿って，半径 r と $2r$ の2つの円を同時に転がします．それらの円上の点 M, K を最初の時点で γ 上の点 A と一致していた点とし，T を2円の（γ との接点である）共通の瞬間回転中心とします．点 M の速度は，線分 MT に垂直な方向に向いています．

こうして，点 M の**速度は大円の直径の方向をもつ**ことになります．つまり，M は大円の直径 KL 上にあり，動いている間，直線 KL が点 M の軌跡に接しています．これは2つの円の定理そのものです．

ここで，新しい観点での曲線の接線の定義を使っていることに注意しましょう．その定義は，「動点が描く曲線に対する点 M での接線とは，M を通る直線で，点 M での速度の方向と一致する方向をもつもののことである」というものです．

モッツィの定理の証明はしませんが，その幾何学的に類似な結果であるシャールの定理を述べておきましょう．

「裏返すことなく実現できるような平面の任意の移動（固有等長変換）は，平行移動か，ある点 T のまわりの回転である」

という定理です．モッツィの定理に関連して，もう1つ強調しておくことがあります．平面的な剛体（板）のもっとも一般的な運動の場合，瞬間回転中心 T は，静止平面上での位置が変化するだけでなく，運動の過程で動く板に関しても変化するのです．どちらの場合でも位置の変化に応じた曲線が描かれます．一方を**固定セントロード**，他方を**動セントロード**と呼んでいます．例を挙げれば，道に沿って車輪が転がるときは，固定セントロードは道そのものであり，動セントロードは車輪の外枠になります．有名な運動学の定理によれば，平面の十分「滑らかな」（つまり，「ガタガタしない」）あらゆる運動に対して，**動セントロードは固定セントロードに沿って滑ることなく転がる**ことになり

ます．そして，各時点で2つのセントロードの接点が瞬間回転中心になっています．

こうして，平面における板状物体の一般的な運動は，でこぼこ道の上の歪んだ車輪の回転に帰着することになります．このような見方からすれば，本節のテーマは，2つのセントロードがともに円であるような運動の研究とまとめられるかもしれません．

このあたりで運動学に脱線するのはおしまいにします．もう，サイクロイド曲線のもっとも注目すべき性質，つまり接線の族と関連した性質を発見するための準備ができたでしょう．

問題 7.18 カージオイドの，カスプを通る弦の両端点における接線は互いに直交し，その2本の接線の交点が，静止円の中心から $3r$ の距離にあることを証明せよ．ただし，r を静止円の半径とする．→

問題 7.19* 2人の人 L, N がある円周上を一定の速さで歩いている．2人の角速度の比を k ($k \neq 0, 1, -1$) とする．直線 LN のなす族の包絡線を求めよ．→

問題 7.20* 円とその中心を通る直線が与えられている．中心が与円上にあり，この直線に接するようなすべての円の，和集合がネフロイドになることを証明せよ．

問題 7.21* 半径 $2r$ の円を内接円にもつように描かれたシュタイナーのデルトイドを考える．デルトイドの（任意の点 M における）接線が自身と交わる2つの点を K, L とするとき，線分 KL が一定の長さ $4r$ をもち，かつ，KL の中点が与えられた内接円上にあることを証明せよ．さらに，点 K と L におけるデルトイドの接線は互いに垂直であり，内接円上の点 N で交わることを証明せよ．最後に，線分 KN, LN がこの内接円で二等分されることを示せ．→

問題 7.22* 半径 $2r$ の円を内接円にもつように描かれたアステロイドを考える．内接円上の任意の点 P から，次の

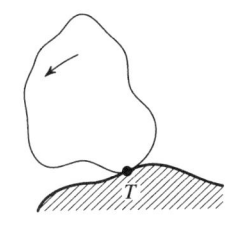

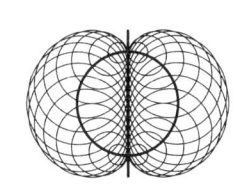

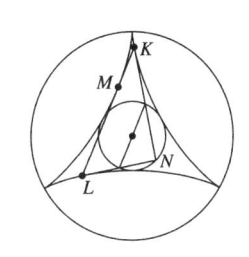

条件 (a), (b) を満たすような 3 本の直線 PT_1, PT_2, PT_3 を，それぞれがアステロイドに接するように引くことができることを証明せよ．

(a) 3 本の直線は互いに同じ（60°の）角をなす．

(b) 3 接点 T_1, T_2, T_3 は，アステロイドに外接する円に接する，ある半径 $3r$ の円[2]に内接する正三角形の頂点になっている．

次の問題は，運動の言葉を使って解くことができる一連の問題の最後のもので，そこでは三角形の初等幾何とデルトイドとの間の予想もしなかった関連が明らかになります．この曲線は，この関連性を発見した幾何学者にちなんで名付けられたのです．

問題 7.23* 三角形 ABC が与えられている．

(a) この三角形の外接円上のある点から，三角形の 3 辺 AB, BC, CA に下ろした垂線の足は，一直線上にあることを証明せよ．（この 3 つの足が載っている直線は，外接円上の点の**ウォレス–シムソン線**または単に**シムソン線**と呼ばれる．）

(b) 三角形の各辺の中点，高さを与える垂線の足，垂心と各頂点を結ぶ線分の中点の，9 個の点は同じ円上にあることを証明せよ（この円は **9 点円**と呼ばれる）．

(c) 三角形 ABC のウォレス–シムソン線はすべて，9 点円を内接円にもつように描かれた，あるシュタイナーのデルトイドに接することを証明せよ．　→

7.5　パラメータ方程式

サイクロイドのすべての性質は，座標を使って解析的に証明することもできます．サイクロイドの方程式は，点 M の座標 (x, y) をパラメータ（時間）t で表示する，パラメータ形式で書いておくのが一番便利です．このような方程式は，問題 **6.22** ですでに出てきています．

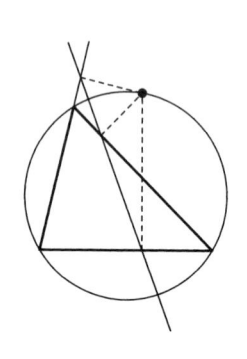

---

[2]〔訳註〕実はこれは，点 P でもとの半径 $2r$ の円が内接する円になっている．

頂点 O が座標系の原点にあるような，蝶番つきの平行四辺形 $OPMQ$ の第 4 の頂点 M の軌跡を考えましょう．($\overrightarrow{OM} = \overrightarrow{OP} + \overrightarrow{OQ}$ であることに注意．) 中心がこの座標系の原点 O で半径 r_1 の円上を，点 P が角速度 ω_1 で動くとします．点 Q も，中心が原点 O で半径が r_2 の円上を角速度 ω_2 で動くとします．このとき，時刻 t における P の座標は $(r_1 \cos \omega_1 t, r_1 \sin \omega_1 t)$ となり，Q の座標は $(r_2 \cos \omega_2 t, r_2 \sin \omega_2 t)$ となり，平行四辺形 $OPMQ$ の 4 番目の頂点 M の座標は，

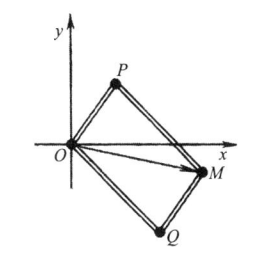

$$x = r_1 \cos \omega_1 t + r_2 \cos \omega_2 t,$$
$$y = r_1 \sin \omega_1 t + r_2 \sin \omega_2 t$$

となります．（初期時刻 $t = 0$ において，蝶番つきの平行四辺形の辺 OP, OQ は，どちらも Ox 軸に沿った方向を向いていたとします．）

問題 **6.22** で，$\omega_2 = -\omega_1$ のときは点 M が楕円を描くことをみました．一般の場合は，

$$\omega_1 / \omega_2 = k, \qquad r_2 / r_1 = |k|$$

という比 k をもつとき，点 M は，k-サイクロイドを描くことになります．

パラメータ方程式から t を消去すれば，ある場合には，座標 x と y を結ぶ単純な方程式が得られます．たとえば，アステロイドを考えましょう．この曲線に対しては $r_1 = 3r_2$, $\omega_2 = -3\omega_1$ となっています．$\omega_1 = 1$ ととってよく，すると $\omega_2 = -3$ ですから，($r_2 = r$ とおくと) アステロイドのパラメータ方程式は，

$$x = 3r \cos t + r \cos 3t, \qquad y = 3r \sin t - r \sin 3t$$

となります．または，より簡単に，

$$x = 4r \cos^3 t, \qquad y = 4r \sin^3 t$$

となります．❓

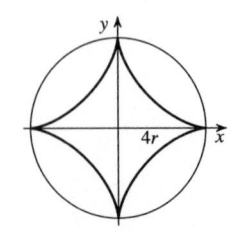

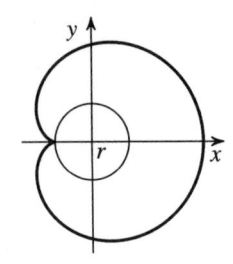

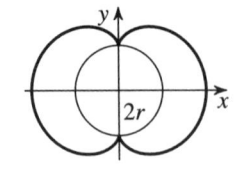

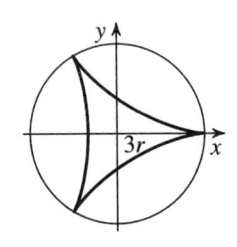

それゆえ，次のようなアステロイドの方程式

$$x^{2/3} + y^{2/3} = (4r)^{2/3}$$

が得られます．

アステロイドや上で取り上げた他の曲線を，代数方程式によって定義することができます．これらの曲線の点 (x, y) が以下の方程式を満たしていることを確かめてみてください．

$$(x^2 + y^2 - 4r^2)^3 + 108r^2x^2y^2 = 0$$
（アステロイド）

$$(x^2 + y^2 - 2rx)^2 - 4r^2(x^2 + y^2) = 0$$
（カージオイド）

$$(x^2 + y^2 - 4r^2)^3 - 108x^2r^4 = 0$$
（ネフロイド）

$$(x^2 + y^2 + 9r^2)^2 + 8rx(3y^2 - x^2) - 108r^4 = 0$$
（シュタイナーのデルトイド）

こうして，アステロイドとネフロイドは6次曲線で，カージオイドとシュタイナーのデルトイドは4次曲線です．

$\omega_1/\omega_2 = k$ が有理数のとき，サイクロイドが代数曲線であることが証明できます．k が無理数のときには代数的ではなく，サイクロイド曲線は，「中心が O で半径が r_1+r_2, $|r_1-r_2|$ の2つの円で囲まれた環状領域の，どの点の任意に近い場所も通る」のです．このとき，曲線はこの環状領域で「いたるところ稠密」であると言います．

曲線の方程式と幾何学的な性質を比べると，新しく興味深い系が得られます．次の問題はアステロイドの性質が使われる例です．

問題 7.24　(a)　直角領域とその領域内部の点 K が与えられ，K と角の両辺との距離を a, b とする．点 K を通る長さが d の線分で，両端点が直角の辺上にあるようなものを引くことは可能か？

(b) 平行線状の堤防をもつ運河がある地点で直角に折れ曲がっており，曲がる前後の運河の幅をそれぞれ a, b とする．長さ d の細い丸太がこの角を曲がりきるためには，d の値はどれくらいでなければならないか？

▽ (a) 直角の 2 辺を座標軸にとりましょう．長さ d のその線分は，カスプが中心から d の距離にあるアステロイドに接していなければなりません．このアステロイドの方程式は $x^{2/3} + y^{2/3} = d^{2/3}$ です．点 K がアステロイドと直角の 2 辺で囲まれた領域の内部にあれば，求める線分は存在します（点 K を通ってアステロイドに接する線分です）．点 K がこの領域の外にあれば，問題の線分は存在しません．こうして，問題の線分が引けるための必要十分条件は $a^{2/3} + b^{2/3} \leq d^{2/3}$ となります． △

条件 $a^{2/3} + b^{2/3} \leq d^{2/3}$ が満たされているときには，アステロイドを使って，問題の線分の「作図」法が見つかったのですが，定木とコンパスを使ってはこの問題を解くことができないことに注意してください．

第 6–7 章で調べた名のある曲線は，既に二千年以上も前から知られていたものです．楕円と双曲線と放物線の基本性質は，古代ギリシアの数学者である，ペルガのアポロニウスの著作『**円錐曲線について**』に述べられています．彼はユークリッドとほぼ同じ時代（紀元前 3 世紀頃）に生きていました．古代においても，天文学者は複雑な円運動について研究していましたが，これは驚くにはおよびません．たいへんに粗っぽい近似ですが，すべての惑星が，ある 1 つの平面上で，太陽のまわりの円形軌道を回転していると考えられるなら，地球から観測した他の惑星の位置は，ある種の円運動の組合せに従うことになるのです．しかし，何世紀もたつうち天体観測はどんどん精密になり，複雑なサイクロイド曲線を用いた惑星運動の記述[3]は修正に修正が重ねられていきました．そして，ヨハネス・ケプラーが，惑星の軌道は太陽を焦点の 1 つとする楕円であることを確

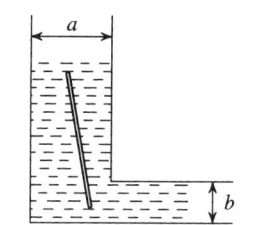

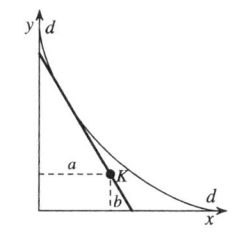

---
[3] ［訳註］周転円を使って表された．

立して，決着をみたのです．

　物理学や力学や数学に由来する広範囲の問題が，いくつかの特定の曲線と結びついていました．それらの曲線は，17世紀にデカルト，ライプニッツ，ニュートン，フェルマーなどの人たちによって発明された，強力な解析的方法を鋭利なものにする砥石の役割を果たしました．これらの方法によって，特定の曲線に結びついた個別の問題から，曲線全体がもつ一般法則へと転移することができました．複雑な機構や構造の設計をするとき，解析的方法なしで済ますことが不可能なことは，言うまでもありません．しかしながら，本書で扱ったような直観的な表現法が時に有効であることが，それも幾何学とはまったく関係のない問題においてさえ有効であることがわかります．調査結果や計算結果がしばしばグラフや直線族の形で表されることは，まんざら理由がないでもないのです．

第8章
描画，アニメーション，
　　魔法の三角形

　きれいな幾何学的曲線を見たり描いたりするのは，何とも楽しいものです！　でも，このような曲線は楽しみのためだけに描くものではなく，実用的にも科学的にもたいへん重要なものです．現在，図を描く道具は鉛筆と紙だけに限られていません．グラフを作製するコンピュータのプログラムを書いたり，インターネットで精巧に描かれたグラフを探すことができます．

　この最終章では，幾何学的な図形のいきいきとした画像を得る方法について説明し，最後の難問（問題 **7.23**˚）に見られた美しい規則性を明らかにします．

　確かに，描画は私たちの頭に浮かぶ方法や概念や画像といったものの理解を助けてくれます．しかし用心してください！　描画によって私たちの精神は欺されてしまうこともあるし，描画そのものが新しい錯覚の始まりかもしれないのです．たとえば，楕円の形状は卵形線（凸状の閉曲線）のように見えますが，あらゆる卵形線が楕円というわけではありません．実際，卵形線をいくつか描いておき，その中から本物の楕円を見つけ出すことは簡単ではありません．偉大なるヨハネス・ケプラーが，多くの異なる卵形線や円状の軌道の可能性があるなか，惑星軌道として楕円を選び出すことができたのは，本当に驚くべきことなのです（116ページ参照）．

　点の軌跡という考え方は，幾何学図形の定義には大変に役立ちます．円周や球面や楕円のような美しい形状は，単

純な文章で表現することができます．定義を思い出してみましょう．

円周・球面とは，平面（円周の場合）または空間（球面の場合）の中で，固定点 O（中心）からの距離が正定値 r（半径）に等しい点の軌跡である．

楕円とは，平面において，2 定点 A, B（焦点）までの距離の和が（焦点間の距離より大きい）正定値に等しくなる点 p の軌跡である．

楕円などの円錐曲線は，円錐や円柱を平面で切断してできる曲線として与えることができます．これらの図形は円の投影図とみなすこともできます．図 1 は，楕円と放物線のそのような表現法を説明するための，手描きの図です．図にある 4 つの球面を想像してみてください．2 つは円柱に，2 つは円錐に内接しており，対応する切断平面に，楕円か放物線の焦点で接しています．この球面は，切断線としての円錐曲線の定義と焦点の言葉を使った定義との間の関係を示すために，技術者ジェルミナル・P・ダンデリン[1]によって発明されました．彼に敬意を表して，**ダンデリン球面**と呼ばれています．しかし図の中で取り乱す人を描いたのは，コンピュータを使って 3 次元描像を作り出す工程について，私たちの感じ方を説明するためです．

ソフトウェア・エンジニアは，製造工程で役立つ 3 次元図形のコンピュータ・モデルを作るために，多大な努力を費やしてきました．これらのモデルの設計は，通常「基本要素」とか「プリミティブ」と呼ばれる単純な図形から始めます．上の 3-D 描画では，円柱，円錐，球面，円錐曲線といった基本要素が見られます．

曲線族を描くのは，3 次元の絵を描くのと似ています．与えられた焦点に対して，それを焦点とする正しい楕円を描くのは，しばしば難しいものです．コンパスと直定木を使っ

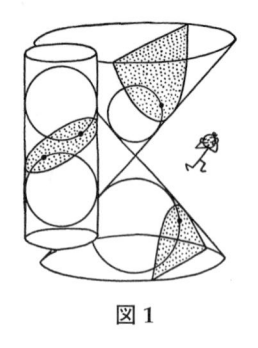

図 1

---

[1] [訳註] Germinal Pierre Dandelin (1794.4.12–1847.2.15) はエコール・ポリテクニクに学び，フランス，ベルギーなどでの技術将校としての軍務やリエージュ鉱山工科大での教授などを歴任．数学的業績は，ここに引用されているものとその回転双曲面への拡張や球面の立体射影などに関するものがある．

て，固定した焦点 A, B をもつ楕円族の概形を描く簡単な方法がありました（問題 **6.5** 参照）．

(a) 線分 AB を，たとえば 12 等分する．

(b) 点 A を中心とし，線分 AB 上の A 以外の 12 個の分点を通る 12 個の円を描く．この図は波のように見える．

(c) 同様に，点 B を中心とし，B 以外の 12 個の分点を通る 12 個の円を描く．この 2 つの円族をあわせると，曲線分の四辺形がつくる網目模様が得られる．（この図は，2 つの波の干渉を思い出させる．）

(d) この曲四辺形の対頂点を鎖状につなぐように，小さな丸印をつける．

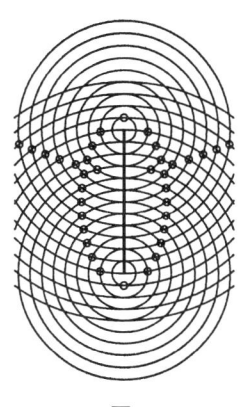

固定された焦点をもつ，楕円族と放物線族が同時に得られます．AB の分割を細かくすれば，頂点をつないでできる曲線の滑らかさが増します．

序章では方程式を使って，梯子が床の上を滑るときに，梯子の中央でない場所にいる猫は楕円に沿って動くことを見つけました．

幾何学的な定義を解析的表示に転換する手続きの最初の例が，この猫の話でした．実際，曲線の解析的表示は，その式を満たすような座標をもつ点の軌跡として，曲線を表すのです．コンピュータ・プログラムに解析的表示を入れてやると，正確な幾何学的形状を作り出すことができます．扱いやすい解析的な定義があれば，曲線の性質を速やかに理解することも可能になります．

図 2

8.1 直線の族の包絡線

直線族を描いていると，時々，直線群で囲まれた見慣れた曲線が浮かび上がって見えてくることがあります．たとえば，図 3 の描画の中で楕円を見つけてください（別の楕円が 80 ページにあります）．

これは次のように作図されました．

(a) 中心が O の円を描き，円の内部の点 A をとる．

(b) 円を，たとえば 24 等分する．

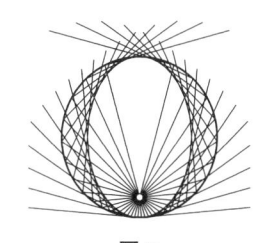

図 3

（c）この分割の分点 M を通り，線分 MA に垂直な直線を引く．

この作図の定点 A を**ペダル**と呼びます．

こうして，点 M が円に沿って動けば，線分 MA の垂線は楕円に接します．言い換えると，この楕円は，上のように作図された直線の 1 パラメータ族の包絡線になっています．

問題 **7.16** には，直線族の包絡線として現われる別の曲線が出てきました．この曲線は，**焦線**と呼ばれます．光がある曲線に関して反射するとき，反射光線の包絡線が**反射焦線**です．

（直線部分をまったく含んでいない）ある滑らかな曲線 C の小部分を考えます．曲線 C は，その接線からなる 1 パラメータ族の包絡線であると言います．こうして，点 M が曲線に沿って動くとき，点 M での接線も同じように動きます．動点 M の軌跡は，動点 M の速度ベクトルによって生成される直線の族の包絡線になっています．

例として，(-2)-サイクロイドとしてのシュタイナーのデルトイドの定義を思い出してみましょう（問題 **7.13** 参照）．半径 R の静止円の内側に，半径 $2R/3$ の別の円があります．次に，この小円が，大円の内側に接しながら，滑ることなく大円に沿って転がるとします．シュタイナーのデルトイドは，この小円上の点の軌跡として与えられます．

これはまた，ちょっと違ったやり方で，直線族の包絡線として定義できることがわかります．シュタイナーのデルトイドの接線の族は，運動にともなって動円の直径がとる様々な配置としても表されます．半径 R の定常円の内側に，半径 $2R/3$ の円があることを想像してください．小円が，大円の内側に接し，大円に沿って滑ることなく転がるとします．PQ を，この半径 $2R/3$ の円の，固定された直径としましょう（再度，問題 **7.13** を参照）．この直径 PQ のすべての配置からなる族の包絡線がシュタイナーのデルトイドになります．シュタイナーのデルトイドのこの奇妙な表し方は，2 つの円の定理（第 7 章の 105 ページ参照）から得られるものです．後でまた，シュタイナーのデルトイドが

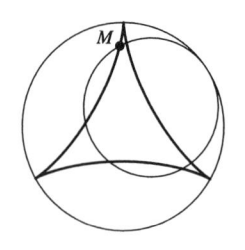

さらに別のやり方で定義された直線族の包絡線として実現されることが出てきます．

8.2　魔法の三角形

三角形には，外接円や内接円とその中心（外心，内心），また垂心や重心によって「修飾」ができることを知っています．三角形に付け加えることのできる新しい修飾や作図に，フォイエルバッハ円，ウォレス–シムソン線のなすシュタイナーのデルトイド，そして，モーレー[2)]の三角形があります．ふつうの三角形にこれらの素敵な飾りをつけたもの，とくにこれらの点や線をいろいろと動かした図形を，ここでの**魔法の三角形**と呼ぶことにします．

正三角形は，平面の，美しく単純な基本要素です．たいへん奇妙なことに，どんな三角形にも，それと密接な関係をもつ正三角形があります．まずなにより，シュタイナー正三角形を導き出すシュタイナーのデルトイドを論じ（下の性質 (c)），本章の最後に，モーレーの三角形について調べます．

外接円とは三角形に外側から接している円で，**垂心**とは高さを与える 3 つの垂線の交点のことでした．

任意の三角形 ABC は，次のような魅惑的な性質をもちます（問題 **7.23**[*]）．

(a)　9 点円．三角形の 3 つの辺の中点，高さを与える 3 本の垂線の足，垂心と各頂点を結ぶ（高さの部分をなす）3 線分の中点は，ある 1 つの円上にある．この円は **9 点円**，または**フォイエルバッハ円**と呼ばれる．

(b)　M を三角形の外接円上の任意の点とする．M から 3 辺 AB, BC, AC（またはその延長線）に下ろした垂線の足は，**ウォレス–シムソン線**と呼ばれる 1 本の直線上にある．

(c)　点 M が外接円上を動くとき，結果として得られるウォレス–シムソン線の族の包絡線が**シュタイナーのデル

図 4

[2)]　[訳註] Frank Morley (1860.9.9 – 1937.10.17) はイギリスに生まれ，ケンブリッジ大学で学ぶ．1900 年からジョン・ホプキンス大学教授．幾何と代数に業績を残した．教科書も多い．

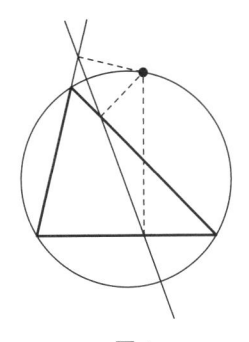

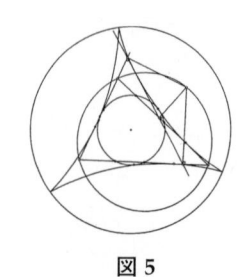

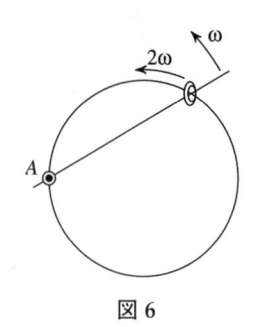

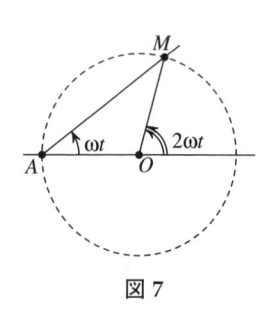

トイドである．シュタイナーのデルトイド自身は，もとの三角形のフォイエルバッハ円に 3 点で接する．

これらの関連性を，点や直線の運動を考えることで説明します．序章でみたような，基本的なアニメーションを思い出してください．

図 5

8.3 円周上の小さな指輪

角と角度の概念は，時計とその針の回転によって表すことができます．通常，反時計廻りの回転を**正の向き**，時計廻りのものを**負**の向きと言います．以下では，向きをこうしておきます．

さて，第 1 章でよく出てきた状況を思い出しましょう．小さな指輪が円形の針金に引っかかっています．この指輪をくぐっている棒が，円周上の点 A のまわりを回転します．回転する棒の角速度と指輪の角速度が異なることを発見したのでした（12 ページ参照）．

図 6

つまり，もし棒が角速度 ω で一様に回転するなら，指輪も円周を一様に，ただし角速度 2ω （つまり棒の 2 倍の速度）で動く．

この規則性には，円周角の定理やコペルニクスの定理（序章を参照）と密接な関連があります．

8.4 円周上の 2 人の歩行者とシュタイナーのデルトイド

図 7

これまでに，同じ曲線を描くために，たくさんの異なる定義が使われるのをみてきました．当然のことですが，それぞれの場合の目的に応じて一番便利な定義を選べばよいのです．ここでは，シュタイナーのデルトイドの定義として，問題 **7.19**[*] で与えられた直線族の包絡線という考え方を用います．

2 人の歩行者 L と N が一定の速さで，円周上を反対方向，つまりそれぞれ反時計廻りと時計廻りに歩いています．ここで，歩行者 L は N の 2 倍の速さで歩く，つまり，2 人の角速度はそれぞれ $2\omega, -\omega$ であると仮定します．このとき，

8.4 円周上の 2 人の歩行者とシュタイナーのデルトイド

直線 LN のなす族の包絡線はシュタイナーのデルトイドになります．このことは，次のような実験で確かめることができます．

　円形の時計の文字盤（円周）を 12 等分し，1 から 12 までの番号をつけます．歩行者 L, N は，出発の時点では，12番のところにいるとします．このことを順序対 $(12, 12)$ で表し，点 12 のところで円形時計に水平な接線を引きましょう．N が 1 番まで一歩進むと，L は反対側に二歩進んで 10番に行きます．この時点での 2 人の位置は，対 $(10, 1)$ で与えられます．そこで，10 番と 1 番を通る直線を引きます．

　2 人が歩き続けると，彼らの位置を表す

$(12, 12) \longrightarrow (10, 1) \longrightarrow (8, 2) \longrightarrow$
$(6, 3) \longrightarrow (4, 4) \longrightarrow (2, 5) \longrightarrow$
$(12, 6) \longrightarrow (10, 7) \longrightarrow (8, 8) \longrightarrow$
$(6, 9) \longrightarrow (4, 10) \longrightarrow (2, 11) \longrightarrow$
$(12, 12)$

という順序対の列が得られます．$(2, 11)$ とか $(6, 9)$ のように成分が異なる順序対に対しては，円形時計上の歩行者の対応する位置を結ぶ直線を引きます．歩行者は 3 回，12 番，4番，8 番のところで，互いに行き会います．2 人が行き会う地点では，円の接線を引きます．この 3 つの会合点はある正三角形の頂点になっています．2 人の歩行者のいる地点を次々と直線で結んでいけば，**この直線族の包絡線がシュタイナーのデルトイドになることがわかります．**

　絵を見やすくするには，円を 12 等分ではなく，24 等分した方がいいでしょう．もっときれいな絵にしたければ，歩行者を結ぶ直線 LN を引くときに，長さが同じで点 N を中点とするような線分を描くようにします．後で，直線 LNの角速度の値が必要になります．

　この実験から，歩行者 N が角速度 $-\omega$ で時計廻りに動くとき，**直線 LN は反時計廻りに半分の速さ（つまり，角速度 $\omega/2$）で回転することがわかる．**実際，平面上に任意の点 O をとり，歩行者 N がその歩を進めるごとに，点 Oを通り LN に平行な直線を引いてみよ．

図 8

図 9

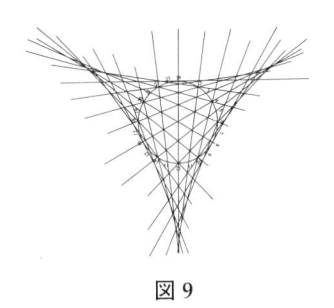

8.5　3点は3つの対称円をどのように動くか

△ABC の外接円上の点 M をとり，点 M がその円上を時計廻りに角速度 $-\omega$ で動いているとします．図 10(a) を見てください．

M_1, M_2, M_3 を，**直線** BC, CA, AB に関して点 M と対称な点とします．（三角形 ABC の辺 AB, BC, CA を**直線**と言うとき，辺自体かその延長線を意味しています．）点 M が角速度 $-\omega$ で時計廻りに動くので，3個の点 M_1, M_2, M_3 はそれぞれ，直線 BC, CA, AB に関して外接円と対称な円を，角速度 ω で反時計廻りに動きます．（たとえば，M_1 は直線 BC に関して外接円と対称な円を動き，M_2 は直線 CA に関して外接円と対称な円を動き，などとなります．）**この3つの対称円が1点 H（△ABC の垂心）で交わる**ことはみてあります（41 ページの問題 **3.8** 参照）．

ここで，3本の直線 M_1H, M_2H, M_3H を考えましょう．M_1, M_2, M_3 がそれぞれの円を角速度 ω で動くので，円周上の指輪の定理を使って，直線 M_1H, M_2H, M_3H の共通の点 H のまわりの角速度を決定することができます．実際，この定理の結果として，この3直線はすべて，角速度 $\omega/2$ で，共通点 H のまわりを回転することになります．

でも，気をつけてください，M_1H, M_2H, M_3H は異なる3直線ではなく，むしろ，3本とも一致して1つの直線になるのです．このことは，図からは，直観的には明らかにみえるかもしれませんが，図 10(a) は点 M, M_1, M_2, M_3 の1つの**特定の配置**しか示してはいないのです．3直線 M_1H, M_2H, M_3H が常に一致することの証明には，外接円上を動く M の**あらゆる位置に対して**一致することを示さなければなりません．

鍵となるのは，問題の3直線がすべて点 H のまわりを同じ角速度で回転することです．そのため，どこかの時点で3直線が一致すれば，いつでも一致するのです．さて，点 M が三角形の頂点 C の位置にいる時点を考えてみましょう．このとき，M_1 と M_2 は同じ点であり，この時点で直線 M_1H と M_2H は一致し，それゆえこの2直線はいつでも一致することになります．同じように，点 M が三角形の頂点

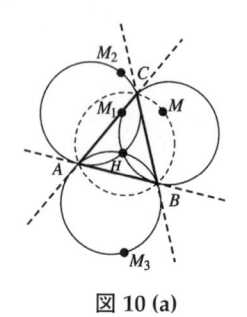

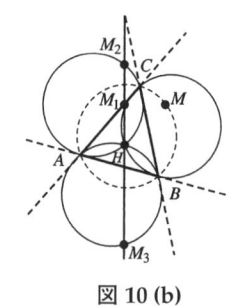

B の位置にいる時点を考えます．そのとき M_1 と M_3 は同じ点なので，直線 M_1H と M_3H は常に一致します．したがって，この 3 直線は同じ直線になり，3 点 M_1, M_2, M_3 は，H を通る 1 つの直線 ℓ 上にあることになります．図 10(b) を見てください．

M が動くときに何が起きるかを図示するために，図 10(c) を調べてみます．もう一度，三角形とその外接円，そしてこの円上を M が時計廻りに回転するということから始めます．このことを，図では，時計廻りの矢印で示しています．三角形の 3 辺に関して外接円に対称な 3 円を描きます．3 つの円が三角形の垂心 H で交わることがわかっています．M が動くにつれ，3 点 M_1, M_2, M_3 は，それぞれの円上を反時計廻りに回転します．ここで注意して欲しいのは，図 10(c) は，図 10(a) や図 10(b) と違って，点 M, M_1, M_2, M_3 の特定の配置を示しているのでは**なく**，むしろ，点が移動していく**方向**と円を示していることです．結果をまとめると次のようになります．

・点 H のまわりを角速度 $\omega/2$ で回転する直線 ℓ が存在して，動点 M と次のような関係にある．

・3 点 M_1, M_2, M_3 は，この回転する直線 ℓ と 3 円との交点である．この 3 点はどれも対応する円上を，ω に等しい角速度で回転し，かつ直線 ℓ 上にある．

最後に，ウォレス–シムソン線がきれいに見える素敵な動画を描いてみましょう．

8.6　ウォレス–シムソン線

今までと同様，M を $\triangle ABC$ の外接円上の点とします．M から直線 AB, BC, AC に下ろした垂線の足は，すべて 1 つの直線上にあります．実際，この 3 本の垂線を，2 倍の長さに延ばせば，三角形の 3 辺（またはその延長線）に関して M と対称な 3 点 M_1, M_2, M_3 が得られますが，この 3 点はある 1 つの直線 ℓ 上にあることはわかっています．点 M の位置を固定すると，ウォレス–シムソン線とは，直線

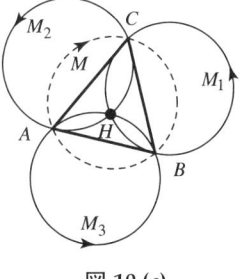

ℓ 上の任意の点 L に対する，線分 ML の中点のなす軌跡である，と言い換えてもいいでしょう．

△ABC のウォレス−シムソン線はすべて，あるシュタイナーのデルトイドに接します．つまり，ウォレス−シムソン線の族の包絡線は，シュタイナーのデルトイドです．ウォレス−シムソン線とシュタイナーのデルトイドの間のこの関係を説明するために，前に述べた 9 点円またはフォイエルバッハ円を調べることから始めましょう．

8.7　9 点円

△ABC とその外接円が与えられたとしましょう．O を外接円の中心とします．今まで同様，外接円上の点 M は時計廻りに角速度 $-\omega$ で回転します．H をこの三角形の垂心，K を線分 MH の中点とします．M が外接円を動けば，K もある小さい円を動きます．この小円は，外接円と相似の位置にあり，その相似比は $1/2$，相似の中心は H です (46 ページの問題 **3.20** を参照)．この小円の中心は，O と H を結ぶ線分の中点 O_1 です．実際，K が動くとき，線分 O_1K の長さは一定で，外接円の半径の半分であることを，容易に確かめることができます．

K の移動によって描かれる円は，△ABC の特定の 9 点を通り，そのため **9 点円** という名で知られています．また **フォイエルバッハ円** とも **オイラー円** とも呼ばれています．三角形の 9 つの点とは次のものです (図 10(d) 参照)．

(a)　垂心 H と頂点 A, B, C を結ぶ 3 つの線分の中点．

(b)　三角形の 3 辺の中点．

(c)　三角形の頂点から 3 辺に下ろした垂線の足．

この証明には，上の 9 点のそれぞれに対し，その点が HM の中点になるような外接円上の点 M が具体的に与えられることを示します．

まず，M が外接円を動けば，3 頂点 A, B, C を通過するので，フォイエルバッハ円の上の点 K は，線分 HA, HB, HC の中点を通ります．

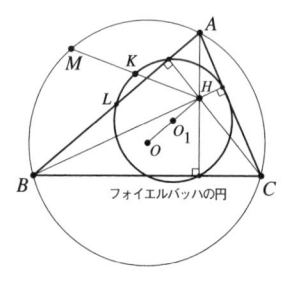

図 10 (d)

次に，外接円から弦 AB が切り取る円弧を考えます．この円弧を，直線 AB に関して折り返せば，垂心 H を通る対称な円弧が得られることがわかっています．L を AB の中点とします．線分 HL を延長して，2 倍の長さにすると，対称性から，この延長された線分は外接円に到達します．作図の仕方からわかるように，外接円上のこの到達点 M に対し，L が H と M の中点になっています．それゆえ，L はフォイエルバッハ円上にあります．同じように，他の 2 辺 BC, CA の中点も，フォイエルバッハ円上にあります．

最後に，三角形の頂点から 3 辺に下ろした垂線の足も，フォイエルバッハ円の上にあることを証明しましょう．もう一度，線分 AB に関して外接円に対称な円弧を作図したとします．この円弧は垂心 H を通っています．C から AB に下ろした垂線の足を考えます．この垂線は垂心 H を通っています．この垂線を外接円に交わるまで延長すれば，対称性から，外接円上の点 M で，線分 HM がその足によって二等分されるものが得られます．つまり，この垂線の足は線分 HM の中点であり，それゆえフォイエルバッハ円の上にあります．同じようにして，他の 2 つの垂線の足についても，対応する点 M の位置を作図することができます．これらの位置は，やはり，垂線の延長線と外接円との交点になっています．

8.8 ウォレス–シムソン線の回転とフォイエルバッハ円

以前のシナリオを思い出しましょう．点 M は，$\triangle ABC$ の外接円を，時計廻りに角速度 $-\omega$ で動いていました．H を ABC の垂心とすれば，線分 HM の中点 M_{mid} も同じ角速度 $-\omega$ で動きます．

ウォレス–シムソン線は，角速度 $\omega/2$ で回転します．なぜなら，M_1 を $\triangle ABC$ の辺 BC に関して M と対称な点とするとき，ウォレス–シムソン線は常に直線 M_1H に平行だったからです．（他の 2 つの対称点 M_2, M_3 も M_1H 上にあります．）さらに，ウォレス–シムソン線は点 M_{mid} も通

ります．したがって，ウォレス–シムソン線と9点円とのもう一方の交点は，角速度 2ω で回転します．

ウォレス–シムソン線上のこの2個の交点は，前に出てきた2人の歩行者 L, N と同じように，円上を動きます．つまり，点 M_{mid} は歩行者 N のように角速度 $-\omega$ で動き，もう一方の交点 S は歩行者 L と同じく角速度 2ω で動くのです．こうして，2点 M_{mid} と S を結ぶ直線の族の包絡線はシュタイナーのデルトイドになります．したがって，シュタイナーのデルトイドの接線族は，1つは動円の動直径，1つは動く2人の歩行者を結ぶ動直線，1つは三角形のウォレス–シムソン線の族という，3種類の表現をもつことになります．

8.9 シュタイナーの三角形とモーレーの三角形

シュタイナーのデルトイドの3頂点（カスプ）は正三角形をなします．この正三角形を**シュタイナーの三角形**と呼びます．

驚くべきことに，任意の三角形から導くことができるもう1つの正三角形が存在します．

任意の三角形 ABC を考えます．各頂角を3等分します．角を3等分するとき，3つの等しい（小さな）角への分割を与えるような2本の半直線を引きます．さて，三角形の各辺ごとに，その辺に隣接する2つの角に対して引かれた4本の半直線を考えましょう．そこで，辺に近い方の2つの半直線の交点を考えます．このような交点が3つ，三角形の各辺ごとに1つずつの点が得られました．この3点は常にある正三角形の頂点になることがわかります．この三角形を**モーレーの三角形**と呼ぶのです．

ここの図12では，モーレーの三角形とシュタイナーの三角形には平行な辺があるように見えます[3]．

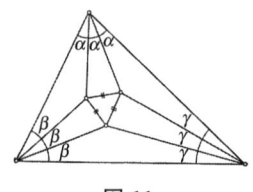

図 11

図 12

---

[3] ［訳註］図12だけでは少し分かりにくいかも知れないので，次ページに図を2つ追加してみた．この章の最初からの手続きで，任意の三角形に対して，外接円，その各点に対するウォレス–シムソン線の族を描き，その包絡線としてのシュタイナーのデルトイドが見えているというものが，

この規則性を確かめるために実験を繰り返すのも意味があることでしょう．また，この事実のエレガントな証明をインターネット上で見つけることができます．たとえば，モーレーの三角形とシュタイナーの三角形が平行な辺をもつことのうまい証明のあるミゲール・ド・グスマン (Miguel De Guzman) の興味深い論文が見つかります．平面幾何の珍しい描画や議論を特色とする，かなりの数のウェッブサイトがあります．インターネットにはいろいろな種類のグラフ描画ソフトウェアが溢れています．実際，幾何学の美と単純性をいきいきと実現してくれる，直線や曲線の魅惑的なアニメーションや描像はどこででも見つけることができるのです．

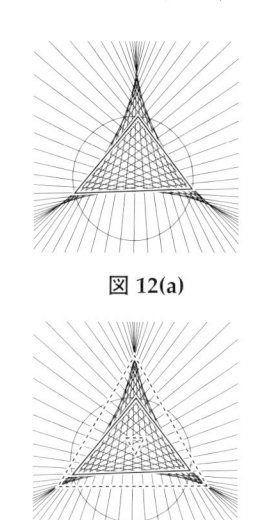

図 12(a)

図 12(b)

図 12(a) である．図 12 そのものは，その図にモーレーの三角形を作図法と共に描き加えたものである．さらに図 12(b) では，シュタイナーの三角形とモーレーの三角形という 2 つの正三角形を点線で表してあり，対応する辺が平行であることが見て取れるだろう．

ヒントと答

1.13. AB が斜辺である直角三角形 AMB の頂点 M は，AB を直径とする円の上にあることに注意せよ．

1.14. 2つの円の接点 M を通る共通接線を引け．この接線と AB との交点を O とする．このとき $|AO| = |OB| = |OM|$ となる（点 O から円までの接線の長さが等しい）．

1.15. 答は3個の円の和集合である．A, B, C, D を与えられた点とする．点 A を通る直線 ℓ，C を通り ℓ に平行な直線，ℓ に垂直で B と D を通る2本の直線を引けば，長方形が得られる．

L を線分 AC の中点，K を線分 BD の中点とする．M をこの長方形の中心とすれば，$\angle LMK = 90°$ となることは容易にわかる．ℓ を点 A のまわりに回転し，他の直線も対応するように回転すれば，考えている長方形の中心 M のなす集合は，直径が KL の円になる．

ところで，4点 A, B, C, D を2つの対に分ける方法は，(A,C) と (B,D)，(A,B) と (C,D)，(A,D) と (B,C) の3通りである．したがって，求める集合は3個の円からなる．

1.25. 答：中点は，1点のままか，直線に沿って動くかである．まず，2人の歩行者 P と Q が平行な直線に沿って動く場合を考える．向きが反対の大きさが等しい速度で2人が動けば，明らかに線分 PQ の中点は静止したままである．この場合，中点の描く軌跡は単に1点であり，不動点になっている．**そうでなければ**，線分 PQ の中点は別の平行線に沿って動く．

次に，2直線が点 O で交わると仮定する．O を原点としよう．このとき，歩行者の速度ベクトル $\vec{v_1}$ と $\vec{v_2}$ の向きは直線に沿い，大きさは歩行者が単位時間に歩く線分の長さである．t の時点で，片方の歩行者が点 P に，他方が点 Q にいたとすると，$\overrightarrow{OP} = \vec{a} + t\vec{v_1}$，$\overrightarrow{OQ} = \vec{b} + t\vec{v_2}$ となる（ただし，ベクトル $\vec{a}, \vec{b}$ は，$t = 0$ のときの歩行者の初期位置を定めるものである）．

線分 PQ の中点を M とすると，

$$\overrightarrow{OM} = \frac{\overrightarrow{OP} + \overrightarrow{OQ}}{2} = \frac{\vec{a}+\vec{b}}{2} + t\frac{\vec{v_1}+\vec{v_2}}{2}$$

となる．したがって，この点も，ある直線に沿って一定の速度 $\frac{\vec{v_1}+\vec{v_2}}{2}$ で動く．その直線を求めるには，歩行者の初期位置と単位時間後の位置を定めれば十分である．

このベクトルの計算は，次の幾何学的な議論に置きかえることができる．

P_0P_1 と Q_0Q_1 が 2 つの平行でない線分であれば，線分 M_0M_1 は $\triangle L_1M_0N_1$ の中線である．ここで，M_0 と M_1 はそれぞれ線分 P_0Q_0 と P_1Q_1 の中点であり，L_1 と N_1 は，平行四辺形 $P_1P_0M_0L_1$ と $Q_1Q_0M_0N_1$ の 4 番目の頂点である．（図 1 参照．図において，$P_1L_1Q_1N_1$ は平行四辺形，P_1Q_1 と N_1L_1 はその対角線である．）

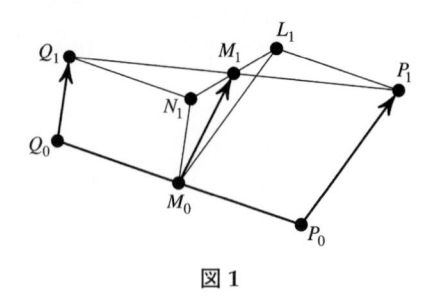

図 1

P_1 と Q_1 のかわりに，直線 Q_0Q_1 と P_0P_1 上の点 P, Q を，$\overrightarrow{P_0P} = t\overrightarrow{P_0P_1}$ および $\overrightarrow{Q_0Q} = t\overrightarrow{Q_0Q_1}$ ととり，先と同様に，対応する（中線 M_0M をもつ）$\triangle LM_0N$ を描けば，この三角形は（中線 M_0M_1 をもつ）$\triangle L_1M_0N_1$ から相似比 t の相似変換で得ることができる．すなわち，点 M は直線 M_0M_1 上にあり，$\overrightarrow{M_0M} = t\overrightarrow{M_0M_1}$ となる．

1.28. 1.25 の解答の図 1 を用いる．線分 P_0P_1 と Q_0Q_1 が点 P_0 と Q_0 のまわりを同じ角速度（単位時間に 1 回転）で回転するならば，$\triangle N_1M_0L_1$ とその中線 M_0M_1 は共に同じ角速度で剛体のように点 M_0 のまわりを回転する．

1.29. 答は円である．この問題を運動の言葉に翻訳しよう．2 円の半径 O_1K と O_2L を描き，直線 KL を一定の角速度 ω で回転させる．

このとき，円周上の指輪の定理より，半径 O_1K と O_2L は共に角速度 2ω で一様に回転する．すなわち，半径 O_1K と O_2L の間の角の大きさは一定に保たれる．こうして，この問題は前問に帰着される．

2.11. (b) 命題 F を用いよ．

2.19. 答：h を $\triangle ABC$ の高さとすれば，求める集合は，$\mu < h$ のとき空集合，$\mu = h$ のとき三角形全体（図 2），$\mu > h$ のとき六角形（図 3）の外周となる．

ヒントと答　133

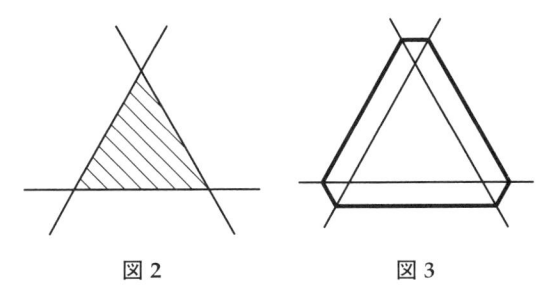

図2　　　　　　　図3

2.20. (b) 図 4 を参照.

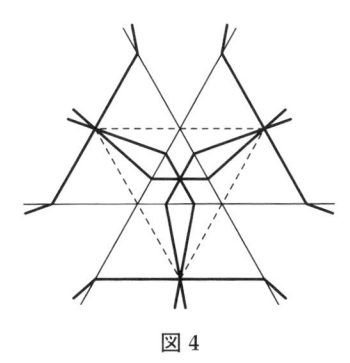

図 4

3.5.(b) この問題は **3.5**(a) に帰着され,「空間に埋め込む」ことで簡単に解くことができる. 実際,（水平面 α に）与えられた 3 円を通り, 平面 α 上に中心をもつ 3 つの球面を作図して, 上から見下ろせば, 球面同士の交わりである（水平面への射影が問題の 3 本の弦であるような）3 つの円と, それらの円の交点（その射影が弦の交点で, 求めるもの）が見える.

3.7. (b) M を問題の三角形の内接円の中心とすると, $\angle AMB = 90° + \dfrac{\varphi}{2}$ となることに注意する. 🅴 によれば, 点 M の集合は, 端点が A と B であるような円弧の組である.

3.7. (c) **答**：求める集合は円弧の組である（図 5 の a, b, c を参照. それぞれ, (a) $\varphi < 90°$, (b) $\varphi = 90°$, (c) $\varphi > 90°$ の場合に対応している）.

ℓ_A, ℓ_B を, それぞれ, 点 A, B を通る 2 本の交線とする. また, k_A, k_B を, やはり点 A, B を通る直線で, $k_A \perp \ell_B$, $k_B \perp \ell_A$ を満たすものとする. 直線 ℓ_A と ℓ_B が, 点 A と B のまわりを回転すれば, k_A と k_B も A と B のまわりを同じ角速度で回転する. 命題 🅴° によれば, k_A と k_B の交点は円に沿って動く.

図 5

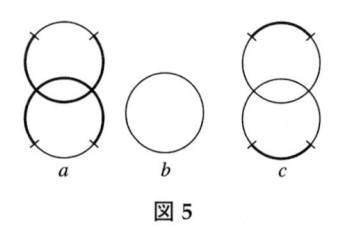

直線 ℓ_A と ℓ_B の交点が円 γ の弧に沿って動くとき，直線 k_A と k_B の交点もある円の弧に沿って動くことに注意する．その円は，直線 AB に関して円 γ と対称な円である．

3.8. (a) a,b,c を，それぞれ，3 点 A,B,C を通る直線とし，K,L,M を，それぞれ，直線 a と b，b と c，a と c の交点とする．命題 E より，点 K は AB を弦とする円を描き，点 L は弦 BC をもつ円を描く．H を，2 円の交点のうち，B と異なる方とする．

回転している間に，直線 b（直線 KL）が点 H を通過するとき，点 K と L は M と一致する．したがって，直線 a と c も H を通る．（2 円が点 B で互いに接したり，2 円が一致するような特殊な場合は，別々に扱わなければならない．先の場合は，点 M は B と一致する．後の場合は，3 点 K,L,M は常に一致し，3 直線 a,b,c すべてのまわりに 1 個の指輪をおくことができる．)

ちなみに，この回転の間，$\triangle KLM$ は自身と相似なままである．すべての直線が 1 点 H で交わるとき，この三角形は 1 点に退化する．また，この三角形が最大になるのは，a,b,c が，それぞれ，直線 AH, BH, CH に垂直なときである．このときには，各頂点は，自身の軌跡（円）に関する点 H の直径対点になっている．

3.8. (b) 直線 AH, BH, CH が，同じ角速度で，点 A,B,C のまわりを回転し始めるとする（ただし，H は $\triangle ABC$ の垂心）．このとき，各直線対の交点は，問題文で述べた円のいずれかを描くことになる．

3.9. 三角形の内部の点 M が作る 3 つの集合

$$\left\{M : \frac{S_{AMB}}{S_{BMC}} = k_1\right\}, \quad \left\{M : \frac{S_{BMC}}{S_{AMC}} = k_2\right\}, \quad \left\{M : \frac{S_{AMC}}{S_{AMB}} = k_3\right\}$$

を考える．この 3 本の線分（命題 I 参照）は，$k_1 k_2 k_3 = 1$ のとき，かつ，そのときに限り共点になる．

3.10. 次の 3 つの集合を考える．

$$\{M : |MA|^2 - |MB|^2 = h_1\}, \quad \{M : |MB|^2 - |MC|^2 = h_2\}, \quad \{M : |MC|^2 - |MA|^2 = h_3\}$$

この 3 本の直線（命題 F 参照）が共点である必要十分条件は，$h_1 + h_2 + h_3 = 0$ である．

3.18*. 森の境界からの距離が S/P より大きい点が森の中に見つかることを証明する必要がある．背理法で示す．多角形内のあらゆる点は，森の境界からの距離が S/P 以下であると仮定しよう．

問題の多角形の各辺で幅が S/P の長方形を作図し，これらの長方形で多角形を覆う．（すなわち，長方形の一辺は多角形の一辺と一致し，幅は S/P である．）背理法の仮定が正しければ，これら長方形の全体はこの多角形を完全に覆ってしまう．また，隣り合う長方形は，重複する部分をもつ．それゆえ，長方形の面積の和は，多角形の面積 S より本当に大きくなってしまう．

一方，$a_1, a_2, a_3, \ldots, a_n$ を多角形の辺の長さとすれば，作図した長方形の面積の和は，

$$a_1(S/P) + a_2(S/P) + a_3(S/P) + \cdots + a_n(S/P)$$
$$= (a_1 + a_2 + a_3 + \cdots + a_n)S/P$$
$$= P(S/P)$$
$$= S$$

である．

こうして，$S > S$ という矛盾に導かれる．したがって，最初の仮定「多角形の辺からの距離が S/P より大きい内部の点は存在しない」が誤りだったことになる．

ところで，**凸多角形**とは，その辺の延長線が境界であるような半平面の共通部分である．上の解答では，暗黙のうちに，凸多角形の次の性質を用いていた．まず，ある点が凸多角形の内部にあるためには，凸多角形を定めるあらゆる半平面に含まれていなければならず，このことから，どの辺に対しても長方形を作図して，多角形を覆うことができるのである．

さらに，凸多角形の任意の頂角は $180°$ より小さくなるので，隣り合う長方形は重ならざるを得ないのである．

3.19.(b)* 与えられた n 個の点 C_i のそれぞれに対して，C_i からの距離が $2/\sqrt{\pi n}$ $(i = 1, \ldots, n)$ 以下であるような点の集合を考えよ．

3.21. 最初は $n = 1$ に対して，次に $n = 2, 3$ に対してと，順に

$$\overrightarrow{OM} = \overrightarrow{OE_1} + \overrightarrow{OE_2} + \cdots + \overrightarrow{OE_n}$$

という形のすべてのベクトルの端点 M のなす集合を描け（図 6 参照）．ただし，$\overrightarrow{OE_i}$ は，問題に述べた単位ベクトルである．

図 6

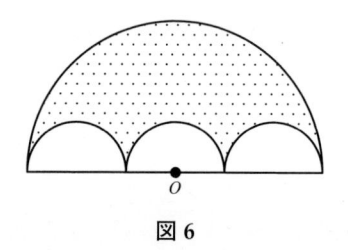

4.4. 答: 2人の歩行者間の最短距離は $du/\sqrt{u^2+v^2}$ である．

歩行者 P が速度 $\vec{u}$ で歩き，歩行者 Q が速度 $\vec{v}$ で歩くとする（両ベクトルの長さ u と v は既知）．歩行者 Q に固定された基準系における P の相対運動を考えると，それは定速度 $\vec{u}-\vec{v}$ の一様な運動である．

P が交差点の場所 P_0 にいる「初期」位置では，Q は P_0 から $-\vec{v}$ の方向に距離 $|Q_0P_0|=d$ の場所 Q_0 にいる．こうして，答を求めるには，点 P_0 を通りベクトル $\vec{u}-\vec{v}$ に平行な直線 ℓ（Q の基準系における P の相対運動の軌跡）を引き，Q_0 と直線の距離 Q_0H（H は Q_0 の ℓ への射影）を求めればよい．$\triangle Q_0P_0H$ は，ベクトル $\vec{u}, \vec{v}, \vec{u}-\vec{v}$ の作る三角形に相似（$(Q_0P_0)\perp\vec{u}, (Q_0H)\perp(\vec{u}-\vec{v})$）だから，

$$|Q_0H|/|Q_0P_0| = |\vec{u}|/|\vec{u}-\vec{v}| = u/\sqrt{u^2+v^2}$$

となる．

4.6. 一方の円の中心 O_1 から点 A を通る割線 ℓ に垂線 O_1N を下ろし，もう一方の円の中心 O_2 から直線 O_1N に垂線 O_2M を下ろす．このとき，長さ $|O_2M|$ が，割線 ℓ と2円との（A 以外の）2交点の間の距離の半分になる．そこで，ℓ を O_1O_2 に平行に引けばよい．

4.9. 答：二等辺三角形．**2.8**(a) を用いよ．

4.12*. (a) **答**：3匹のワニは，湖の円周に内接する正三角形の，各辺の中点のところにいればよい．

何故かをみるため，湖の半径を R とおく．3匹のワニは，湖の各点から一番近いワニまでの距離が一定値（r とする）以下であるように配置されているとする．言い換えれば，それぞれのワニを中心とする半径 r の3つの円が湖を覆うとする．この3円が湖の周縁を含まなければならないことに注意しよう．したがって，各円が湖の円形の境界から切り取る円弧は重なる．結局，これらの円弧の1つは，120° 以上（かつ180° 以下）の角度を見込んでいなければならない．この円弧が湖の境界の一部であり，かつ湖の半径は R であった．この円弧の上にある2点の間の距離の最大値は，120° の弦の長さより大きいので，$a=R\sqrt{3}$ 以上になる．しかし，この円弧が直径 $2r$ の円によって覆われていたから，$2r$ が $R\sqrt{3}$ より大きくなければならず，このことは，r が $\frac{R\sqrt{3}}{2}$ より大であることを意味する．

つまり，3匹のワニをどのように配置しようと，r は半径 R の円に内接する正三角形の辺の長さ a の半分以上になる．ところで，ワニを湖の円周に内接する正三角形の各辺の中点のところに配置すれば，r は $a/2$ となり，それぞれのワニを中心とする半径 r の 3 個の円は湖全体を覆う．それゆえ，この配置が最良である．同様の考え方は，4 匹のワニに対しても役に立つ．その先を考えることもできる．5 匹のワニではどうだろうか？

(b) **答**：4 匹のワニは，円周に内接する正方形の，各辺の中点のところにいればよい．証明は (a) と類似の議論を使う．

5.4. (b) 長さ一定の線分 KL の両端点が与えられた角 A の辺に沿って滑るとき，点 K と L で与角の辺 KA, LA に立てた 2 垂線の交点 M は，中心が A のある円を動くことを示せ（序章のコペルニクスの定理 **0.3** の議論を思い出すこと）．

5.7. これらの点を作図するのに，関数 $f(M) = |AM|/|MB|$ のレベル曲線は，2 点 A, B を通る円に直交するという事実（63 ページ），が役に立つ．

6.3. (e) **答**：与えられた 2 円が互いに外部にある（または，接している）なら双曲線[1]であり，2 円が交わっていれば双曲線と楕円の和集合であり，一方の円が他方の円の内部にある（または，接している）なら楕円である．これらの曲線の焦点は，与えられた円の中心である．

考察すべき異なる場合の数を減らすのに，「中心間の距離が d で，半径が r と R である 2 円は，$r + R = d$ もしくは $|R - r| = d$ のときに互いに接する」という一般的な規則を使うことができる．

6.12. (a) 与えられた接線に対し，楕円の中心に関して対称な接線を描け．

そして，**6.9**(b) と，「円の内部の 1 点を通る弦をその点で分割した 2 線分の長さの積は弦の方向によらない」という定理を用いよ．

6.15. (a) の場合，A と B が焦点で 1 番目の線分 P_0P_1 に接する楕円（(b) の場合は双曲線）を作図し，この曲線に 2 番目の線分 P_1P_2 も接することを示せ．このために，「A' を P_0P_1 に関して A と対称な点，B' を P_1P_2 に関して B と対称な点とすれば，$\triangle A'P_1B \cong \triangle AP_1B'$ である」という事実を用いよ．接線は，線分 AA', BB' の垂直二等分線になる（**6.9**(a), **6.10**(a)）．

6.16. (c) 線分 AN の中点が与えられた円上にあるような点 N の作る集合を作図すると，これはまた円になる．この円の中心を B，半径を R とする．この円上の任意の点 N より点

---

[1] ［訳註］2 円の半径が等しいときは直線．

A に近いところにある点の集合は，線分 AN の垂直二等分線を境界とし A を含むようなすべての半平面の共通部分である．この集合は，

$$\{M : |MA| - |MB| \leq R\}$$

と書け，その境界は双曲線の分枝になっている．

6.17. **6.16** のヒントを，放物線の焦点の性質の証明と比べよ．

6.23. 線分 AB の中点を原点とする座標系で，x 軸を，回転している 2 直線がある時点で共に Ox 軸に平行であるように選ぶ．時点 t での直線の方程式を書き，交点の座標を求め，(**6.22** の解答のように) t を消去すれば，(4) の形の双曲線の方程式（85 ページ）が得られる．

6.24. 2 本の直線が，点 A と B のまわりを，2 番目のほうが 1 番目の 2 倍の角速度で，異なる方向に回転しているところを想像せよ．交点の軌跡である曲線が，直線 AB と $60°$ の角度をなす漸近線をもつ双曲線のようにみえ，直線 AB との交点 C が AB を $|AC|/|BC| = 2$ の比に分割すると推測することは難しくない．

この問題の答は，実際，双曲線の 1 つの分枝になっている．以下の単純な幾何学的証明は，問題をアルファベットの命題 $\boxed{\text{N}}$ に帰着させている．

線分 AB の垂直二等分線 ℓ に関して M と対称な点 M' を作図せよ．半直線 BM' が $\angle ABM$ の二等分線であることから $|MM'| = |MB|$ であることに注意すれば，$|MB|/\rho(M, \ell) = 2$ となる．

6.25. (a) 角を挟む 2 辺の方程式が $y = kx, y = -kx, x \geq 0$ となるように座標系を選べば，線分 PQ が切り取る三角形 OPQ の面積 S は $kx^2 - y^2/k$ となる[2]．ただし，(x, y) は線分 PQ の中点の座標とする．
(b) 問題 **1.7**(b) の結果を用いよ．
(c) (a) と (b) から導かれる．

7.2. この和集合は，円 γ 上のある点 P に対して $|MP| \leq |PA|$ となるような M の集合，つまり，線分 MA の垂直二等分線が円との共有点をもつような点 M の集合であると考えることができる．この問題と **6.16–6.17** を比較せよ．

7.9. 答：(a) 3 周．(b) 4 周．(c) 2.5 周．角速度の比は，107–109 ページの例と同様にして求めることができる．

---

[2] ［訳註］$P = (a, ka), Q = (b, -kb)$ とすれば $S = kab$ となる．

7.13. (a) シュタイナーのデルトイドの2つのカスプの間の，半径 R の円における円弧 ($120°$) は，半径 $2R/3$ の半円の周と同じ長さをもつ．

7.14. (b) 両方の曲線は，長さが $R-r$ と r の辺をもつ蝶番つきの平行四辺形の頂点 M の軌跡として得られる．角速度の比 ω_1/ω_2 は $-r/(R-r)$ に等しい（角速度の正負は異なる．107ページ参照）．

7.18. 7.7 とモッツィの定理を用いよ．

7.19. 答：k-サイクロイド（103ページ参照）．

7.21. 7.13(a)，モッツィの定理，2つの円の定理を用いよ．

7.23. △ABC の外接円を角速度 ω で周っている点 M を考えると，次のようになる（124ページの図10も参照）．

(1) 直線 BC, CA, AB に関して M と対称な3つの点 M_1, M_2, M_3 も，(角速度 $-\omega$ で) それぞれの円を周る．

(2) この3つの円は，三角形 ABC の垂心 H で交わる（**3.8**(b)）．

(3) 直線 M_iH ($i = 1, 2, 3$) はそれぞれ，H のまわりを角速度 $-\omega/2$ で回転する．

(4) 3点 M_1, M_2, M_3 は，H を通る直線 ℓ_M の上に載っている（つまり，3直線 M_iH は，実際には，1つの直線 ℓ_M と一致している）．

(5) 線分 M_iM の中点 ($i = 1, 2, 3$) と線分 MH の中点 K は，1直線（ウォレス–シムソン線）上にある．

(6) 点 K は，相似の中心 H と相似比 $1/2$ で外接円と相似の位置にある円 γ 上を動く．

(7) 円 γ は，問題 **7.23**(b) で述べた9個の点を通る．

(8) 直線 ℓ_M の族の包絡線は，円 γ に接するシュタイナーのデルトイドになる．

付録A
解析幾何（基本公式）

平面上に座標系 Oxy を定めると，平面の各点に対応する数の順序対が定まり，順序対はその点の座標を与える．平面の点と数の順序対との間の対応は1対1である．つまり，平面上の各点には数の順序対がただ1つ対応し，逆の対応もそうなる．

1. 点 $A(x_1, y_1)$ と $B(x_2, y_2)$ の間の距離は
$$AB = \sqrt{(x_1 - x_2)^2 + (y_1 - y_2)^2}$$
という式で定まる．

2. 方程式 $(x-a)^2 + (y-b)^2 = r^2$ を満たす座標 (x, y) をもつ点の集合は，r を半径，点 (a, b) を中心とする円になる（ただし，a, b, r は定数で，$r > 0$ とする）．とくに，$x^2 + y^2 = r^2$ は，原点を中心とし，r を半径とする円の方程式である．

3. 点 $A(x_1, y_1)$ と $B(x_2, y_2)$ を結ぶ線分の中点の座標は $\left(\dfrac{x_1 + x_2}{2}, \dfrac{y_1 + y_2}{2}\right)$ である．一般に，線分 AB を $p:q$ の比に分ける点の座標は $\left(\dfrac{qx_1 + px_2}{q + p}, \dfrac{qy_1 + py_2}{q + p}\right)$ である（ただし，p, q は正の定数）．p と q を $p + q = 1$ となるように選んでおくと，これはとくに簡単な公式になる．

4. 座標が方程式 $ax + by + c = 0$ を満たす点の集合は直線である（ただし，a, b, c は定数で，a と b は同時に 0 にならない，つまり，$a^2 + b^2 \neq 0$ とする）．逆に，任意の直線は，$ax + by + c = 0$ の形の方程式で定義される．このとき，与えられた直線に対して，a, b, c は定数倍を除いて定まる．つまり，同じ数 k $(k \neq 0)$ を一斉にかけて得られる方程式 $kax + kby + kc = 0$ は同じ直線を定める．

この直線は平面を，$ax + by + c > 0$ を満たす点 (x, y) と，$ax + by + c < 0$ を満たす点 (x, y) の集合という2つの半平面に分割する．

5. 方程式 $ax + by + c = 0$ で与えられる直線 ℓ から点 $M(x_0, y_0)$ までの距離 $\rho(M, \ell)$ は，式
$$\rho(M, \ell) = \frac{|ax_0 + by_0 + c|}{\sqrt{a^2 + b^2}}$$

で与えられる．$a^2+b^2=1$ とすれば，これはとくに簡単な公式になる．

直線のどんな方程式 $\alpha x + \beta y + \gamma = 0\,(\alpha^2+\beta^2\neq 0)$ も，定数

$$\frac{1}{\sqrt{\alpha^2+\beta^2}} \quad \text{または} \quad -\frac{1}{\sqrt{\alpha^2+\beta^2}}$$

を掛ければ，この特別な形になる．

付録 B
学校幾何から

B.1 線分の比例

1. 比例線分の定理. 2 直線 ℓ_1, ℓ_2 と，ℓ_1 上のいくつかの線分を考える．各線分の端点を通る平行な直線群を，ℓ_2 と交差するように引く．このとき，この平行直線群は，ℓ_2 から，ℓ_1 上の線分に比例するような線分を切り取る．

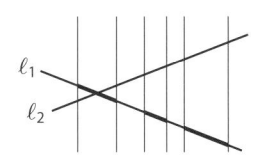

2. 三角形の 1 辺に平行で他の 2 辺と交差する直線は，もとの三角形から，それと相似な三角形を切り取る．

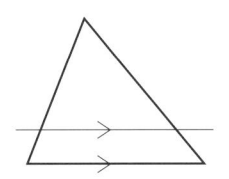

3. 三角形の角の二等分線の定理. 三角形において，任意の頂角の二等分線は，その頂角を挟む 2 辺と同じ比で，対辺を 2 つに分割する．

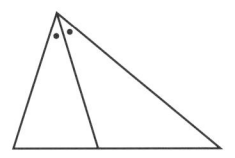

---

[1] ［訳註］付録 B の図は日本語訳で追加したものである．著者たちは，読者が自分で図を描くようにしきりに忠告しているので，あまり詳しいものにはしなかった．読者自身で補って欲しい．ただ，本文中に出てこず，日本の高校までの教育で馴染みの少ない事実もあるので，じっと見れば証明も分かるように図を工夫してある．証明のために必要な線は点線にしてある．

4. 円の比例線分の定理. 円の 2 つの弦 AB と CD が点 E で交れば，

$$|AE| \cdot |BE| = |DE| \cdot |CE|$$

が成り立つ．

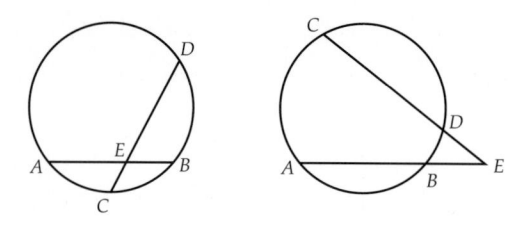

5. 接線・割線の定理[2]**.** 円の外側の点 A から，接線 AT と割線が引かれ，割線と円との交点を B, C とすると，

$$|AT|^2 = |AC| \cdot |BC|$$

が成り立つ．

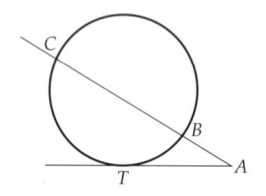

注意

1. 比例線分の定理は，運動の言葉では，「直線上の指輪の定理」として再定式化される（12 ページ）．指輪の定理から導かれるより一般的な主張は，32 ページの補題で与えられる．

3. 三角形の角の二等分線の定理は，命題 B（20 ページ）で定義した「十字二等分線」に対するより一般的な形で，問題 **2.5**（21 ページ）において証明された．

5. 接線・割線の定理は，直接には本書で使ってはいないが，根軸（25 ページ）に関する諸問題と密接に関係している．

---

[2] ［訳註］日本ではこの定理は（上の定理 4 と合わせて）「どの割線に対しても，公式の右辺の積が同じになる」という形で，方べきの定理という名で知られている．

B.2 距離と垂線

1. 直線 ℓ と，ℓ 上にない点 A が与えられたとき，点 A を通る ℓ の垂線を考えよ．この垂線の足と A との距離は，ℓ 上の他の任意の点と A との距離より小さい．

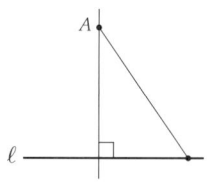

2. 円の接線は，接点に引かれた半径と直交する．

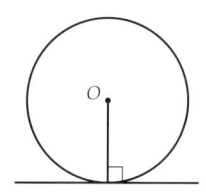

3. 与えられた点から直線 ℓ に引かれた 2 線分のうち，直線 ℓ 上に射影された線分が長い方が長い．

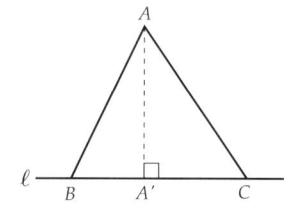

4. (a) ある線分の垂直二等分線上の点は，その線分の両端点から等距離にある．
(b) ある線分の両端点から等距離にある点は，その線分の垂直二等分線上にある．

この 2 つの定理は「線分の両端点から等距離にある点の集合は，その線分の垂直二等分線である」とまとめることができる．

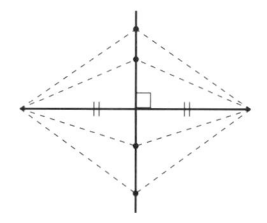

5. (a) ある角の二等分線上の点は，角を挟む2辺から等距離にある．

(b) ある（直線角より小さい）角の内部の点が，角を挟む2辺から等距離にあれば，その角の二等分線上にある．

(a)と(b)から「（直線角より小さい）角の内部にあって，角を挟む2辺から等距離にある点全体の集合は，その角の二等分線である」，ことが得られる．

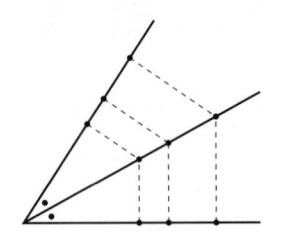

6. 三角形には，1つの，そして1つだけの円が内接できる．この円は**内接円**と呼ばれる．

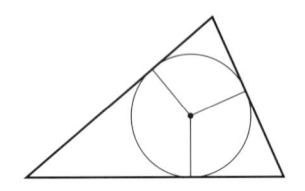

7. 三角形には，1つの，そして1つだけの円が外接できる．この円は**外接円**と呼ばれる．

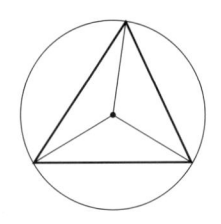

注意

1–2. これらの主張は，第5章で定式化した接触の原理（関数の極値に関する節を参照）の単純な説明になっている．直線 γ と点 A が与えられたとする．関数 $f(M) = |AM|$ のレベル曲線を作図すれば，同心円の族が得られる．関数 f の最小値を与える γ 上の点は，この同心円族のうちで直線 γ と接する円の接点になっている．

3–4. 4 の一般的な主張は，命題 Ⓐ（20 ページ）である．3 の主張は，本質的には，半平面への平面の分割に関する命題 Ⓐ の主張に含まれている．

5. 命題 Ⓑ で導入された「十字二等分線」という用語のより一般的な主張がある（39 ページ）．

6. 内接円の中心は問題 **3.3**（39 ページ）で決定される．

7. 外接円の中心は問題 **3.1**（37 ページ）で決定される．

B.3 円

1. 円と，その上の 2 点を通る弦が与えられたとき，弦に垂直な半径線は弦を二等分する．

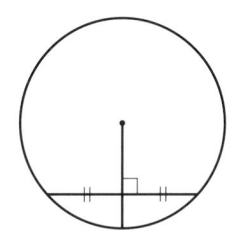

2. 接線の定理． 点 A と円 γ を固定する．（T_1 と T_2 を接点として）2 本の接線 AT_1 と AT_2 が引かれているとする．このとき $|AT_1| = |AT_2|$ である．

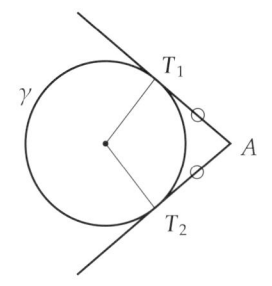

3. 外接四辺形の定理. 円が凸四辺形に内接できるための必要十分条件は，その四辺形の一対の対辺の長さの和が残りの一対の対辺の長さの和に等しいことである．

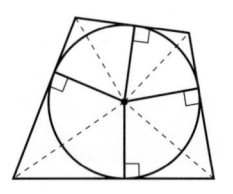

4. 線分 AB を斜辺とする直角三角形の頂点全体の集合は，AB を直径とする円（から 2 点 A, B を除いたもの）になる．

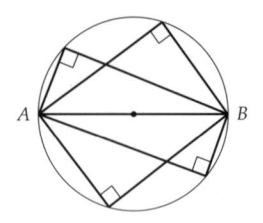

5. 円周角の定理. ラジアンで測ると，円周角の大きさは，その角が切り取る円弧の長さの半分である（言い換えれば，円周角は，同じ円弧を切り取る中心角の半分である）．

6. 接線と接点を通る弦とが作る角は，この角が切り取る円弧の長さの半分になる[3]．

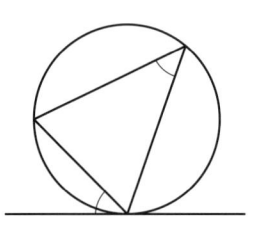

---

[3] ［訳註］日本ではこの定理は「円の接線と接点を通る弦とが作る角は弦が見込む円周角に等しい」という形で，接弦定理という名で知られている．

7. 頂点が円の内部にある角は，2つの異なる円弧を定める．一方は角を挟む2辺で囲まれたもので，他方は2辺の延長線で囲まれたものである．もとの角の大きさは，この2つの円弧の和集合の長さの半分である．

円の外側で交差するような2本の割線のなす角の大きさは，その角に含まれる2個の円弧の差の長さの半分である[4]．

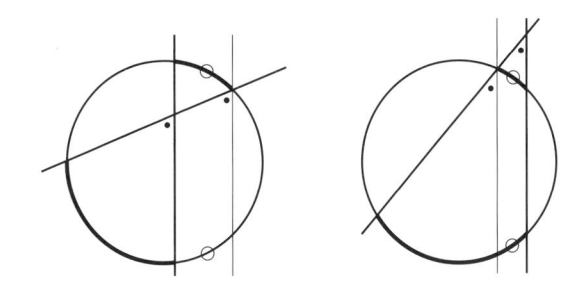

8. **内接四辺形の定理．** 円が凸四辺形に外接できるための必要十分条件は，その四辺形の2つの対角の（角度の）和が180°に等しいことである．

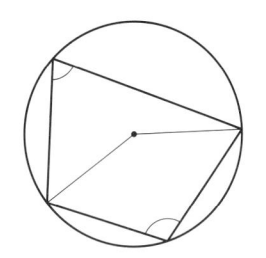

注意．

4. この主張は，3ページで，猫の問題に関連して述べた．

5. 円周角の定理は，運動の言葉で，「円周上の指輪の定理」として再定式化される．指輪の定理から導かれるより一般的な主張がアルファベットの $\boxed{\text{E}}$ ° で与えられている．

6–7. 問題 2.6 はこれらの定理に関係している．

---

[4] ［訳註］定理7の点線を使った証明では，平行な割線で切り取られる2つの弧の長さは等しいことを使っている．

B.4 三角形

1. 外角の定理. 三角形の外角は内対角の和に等しい．

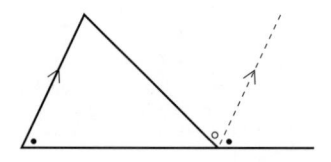

2. 中線の定理. 三角形の 3 本の中線は 1 点で交わり，その交点は各中線を（頂点から測って）2 : 1 の比に内分する．この交点は，しばしば三角形の**重心**または**セントロイド**と呼ばれる．

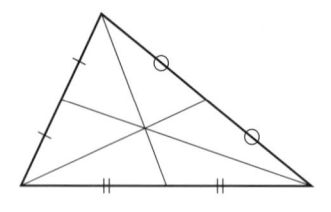

3. 三角形の高さの定理（垂心の存在）. 三角形の 3 本の高さ（頂点から対辺に下ろした垂線分）は 1 点で交わる．

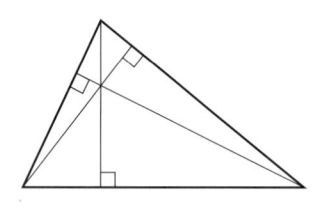

4. ピュタゴラスの定理. 直角三角形の斜辺の長さの平方は，残りの 2 辺の長さの平方の和に等しい．

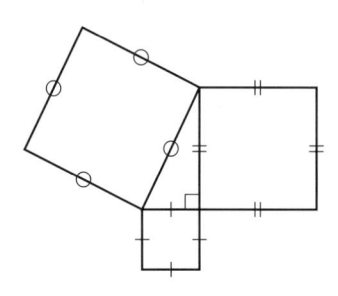

5. 三角形の辺の長さは対角の正弦に比例する（正弦定理）.

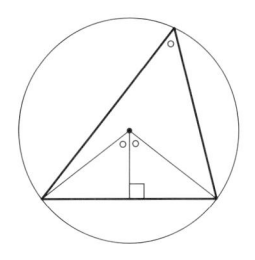

6. 三角形の面積は，次の値の半分になる.
(a) 底辺の長さと，その底辺への高さの積，
(b) 2 辺の長さと，その間の角の正弦との積.

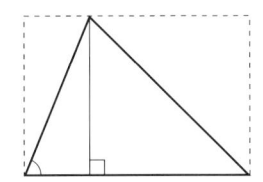

注意.

2–3. これらの定理の証明は，問題 **3.2** と **3.4** の解答（38–40 ページ）で与えられている（任意の中線が他の中線を 2 : 1 の比に分けるという事実は，**3.4** の解答から得ることができる）.

付録C
12通りの学習コース

　この付録は次のような読者を対象としている．最初に本書を読み通し，興味を感じた問題を解こうとしたが，何問かとくに難しい問題があって，今，そのような微妙な考え方を理解するために，鉛筆と紙を手に，本書を組織的に勉強しようという読者である．

　以下に示される12通りの学習コースは，本書のいろいろな方向に対するものである．個別的には，各章の様々な問題の間の隠れた関係を強調したものになっている．

　この学習コースの構成は，国立モスクワ大学の数学通信教育の標準モデルに従っている．最初に，そのコースの主題が説明され，関連する定理や演習問題のある本文のページが与えられ，続いて，記号 ∥ で基本問題と補足問題を区分している練習問題の系列がくる[1]．問題には，ヒントや説明がついているものがある．解答の仕方について助言しておこう．不必要な細部にはこだわらず，簡潔に解答を書き上げること．基本的な解答手段をはっきり定式化し，幾何学のコースからの定理の引用も明白に述べること．特殊な場合を忘れないようにすること．特殊な場合は，しばしば（問題 1.1 で点 M が直線 AC 上にある場合とか，問題 1.3 の正方形の場合のように）個別に調べなければならないことがある．読者には，すべての特別な場合を調べたり厳密に解析したりするとき，冗長な細部まで与えるように指示するつもりはないが，結果については正確で完全な定式化をするよう助言しておく．それが数学者の習慣なのだから．

C.1 「文字」の名前

　ここの問題の目的は，まず本書のアルファベット（後の問題を解くのに有益な点集合に関する定理）に慣れることにある．

　第2章に目を通し，アルファベットの Ⓐ から Ⓙ の命題のリストを別紙に書き出すこと．文字ごとに式（35ページ）を書き下し，対応する図を描くこと．

2.1, **2.2**, **2.3**, **2.4**, **1.16**(a), (b), **5.4** (a), **1.11**, **1.12** ∥ **2.13**, **2.15**, **2.16**, **3.6**.

---

[1] ［訳註］それぞれのコースで並んでいる問題は，そこに書かれている順番に解いていくと，コースのテーマに関する効果的な学習ができるようになっている．

説明.

最初の 5 題は，解答に適したアルファベットの文字を述べるだけである．

問題 **1.16**(a) は，問題 **5.4**(a) を計算しないで解くのに役立つ．

作図問題では，あらゆることが円の中心などの特定の点を作図することに帰着される．求める点は，アルファベットの 2 つの集合の共通部分をとることによって得られる（**1.4** 参照）．これらの集合（アルファベットの命題）に名前をつけ，与えられた問題にいくつの答があるかを示すことが大切である．

2.13 の簡潔な解答は，**2.12** の結果にもとづいている．

C.2　変換と作図

このコースの問題は，14–15 ページで考えた，円や直線の様々な幾何学的変換が必要である．これらの変換は，以下でも（**6.9**(a), (b), **7.1**(a), (b) のように）しばしば現れる．

1.20, 1.21, 1.22, 1.23, 1.24(a), (b) ∥ **3.7**(a), **4.8**(a).

説明.

1.20．（**1.9** でのように）あらゆる場合の点 A の位置を考えること．

1.22．問題 **1.7** (a) の解答を参照のこと．

1.23．問題 **1.6** の解答を参照のこと．

1.24 (a)．答だけを与えよ．

3.7 (a)．重心が，中線を（頂点から測って）2 : 1 の比に分けることを用いよ．

4.8．問題 **4.7** の解答を読むこと．

ここの問題はすべて実際に，紙の上に必要な作図をするように心がけること．使った集合と変換に注意して，解答を簡潔に書くこと．問題に解答がいくつあるかを示すこと．

C.3　直線を回転する

このコースは，主として，円周角の定理とその系を種々に変形した命題に関係したものである．

本書を，（猫についての）問題 **0.1**，問題 **1.1**，円周上の指輪に関する定理（12 ページ），命題 E° と E という順で読み通すこと．指輪の定理（と猫についての定理）は，文字通りに解釈すべきではないことを注意しておこう．想像すべき「指輪」は，単に円と直線の交

3.15-3.16. 多角形の各辺に対し，命題 C で $h = S/p$ に対応する帯状領域を作図せよ．この帯状領域が，面積が S の多角形の全体を覆うことができるか？

4.11-4.12. 4.10 の解答を見よ．

C.7 楕円，双曲線，放物線

このコースの目的は，（本書のアルファベットの命題 K, L, M で与えられる）標題の曲線の，最初の定義を学ぶことである．第 6 章に目を通し，アルファベットの命題のリストを作成せよ．文字ごとに，式を書き下し，対応する図を描いてみること（その際，コースの演習問題 **6.5**(a), (b) が助けになる）．

6.1(a), (b), (c), **6.2**, **6.3**(a), (b), (c), (d), **6.4**(a), (b), **6.5**(a), (b), **6.10**(a), (b), **6.11**(a), (b) ∥ **6.8**, **6.12**(a), (b), **6.13**(a), **6.14**, **6.24**.

説明．

6.1(a),(b),(c)．答が，パラメータ（$|AB| = 2c$ とおく）にどのように依存するかを示せ．

6.2．円の接線の定理を用いよ．

6.4(b)．リンク BC が AD と交差するような四辺形 $ABCD$ の配置を考えよ．

以下の問題は，曲線の焦点の性質に関するものである．

6.8．証明は，同焦点の楕円と双曲線の直交性の証明（75–77 ページ）と同様．

6.10(a)．ここでの証明は，**6.9**(a) の解答と同様で，問題 **6.7** にもとづく．

6.11(a)．放物線の定義（命題 M）と焦点の性質を比べよ．

C.8 包絡線，無限個の合併集合

このコースの問題はかなり入り組んでいる．問題は直線や円からなる族に関係したもので，そのような族の直線や曲線の和集合をとれば平面のある領域が得られる．この領域の境界が，対応する（曲）線の族の包絡線（その族のすべての（曲）線に接するような曲線もしくは直線）になる，ということはしばしば起こることである．（たとえば，13 ページの問題 **1.5** の解答で，与えられた円の等長弦の族の包絡線が与円の同心円であるという事実を用いた．）こうした問題では，図を描くことを勧める．もっとも，包絡線まで描く必要はない．考えている族の（曲）線を十分多く描けば，遅かれ早かれ（81 ページの図のように）包絡線は「自動的に」見えてくるものである．

80–81 ページと 5 ページの文章と **3.20**(b), **6.6**, **6.7** の解答と，放物線の焦点の性質の証明 (77–79 ページ) を読め．

1.30, **3.20**(a), **3.22**, **4.5**, **6.16**(a), (b), **6.17** ‖ **6.15**(a), **6.25**(a), (b), **7.2**, **7.20**.

説明．

3.20． 問題の合併集合を，2 辺が 3 cm と 5 cm の蝶番つきの平行四辺形 $OPMQ$ の頂点 M の集合であると考えてみよ．この方法を第 7 章 (98–99 ページ) と比較せよ．

3.22． その人は，最初の t 分間を道に沿って歩けば，次の $60-t$ 分は牧草地を歩くことになる．そのとき，どこまで到達できるのか？　その後，0 から 60 までのすべての t に対して得られる集合の和集合をとれ．

4.5． 問題 **3.22** で 1 時間のところを T 時間に変えると，答はどんな集合になるか？　この集合が点 B を含むような T の値を求めよ．

7.20． ネフロイドの接線の族は問題 **7.16** で考えた．カージオイドに関する問題 **7.1**(a), **7.2**, 2 つの円の定理 (105–107 ページ) も思い出すこと．

C.9　サイクロイドの接線

このコースには，直線の族の包絡線がサイクロイドになることを証明しなければならないような，一連の問題が含まれている．ほとんどの問題の解答は，2 つの円の定理にもとづいている．105–107 ページのこの定理の主張と例と応用を見よ．また，110 ページにある証明を注意深く調べよ．

7.17(a),(b), **7.16**, **7.18**, **7.19** ‖ **7.21**, **7.22**, **7.23**

説明．

7.17． 直径の端点がどういう曲線に沿って動くかを求め，その包絡線となる曲線を求めよ．(103 ページの最後の図の結果と比較せよ)．

7.16． 2 つの円の定理を用いて，ネフロイドの接線の族を記述せよ．問題 **7.15** の解答を見よ．

C.10　曲線の方程式

座標の方法（解析幾何）は，特殊な幾何学的観察の非常に自然な一般化をすることを可能にしてくれる（第 2 章の 26–27 ページや 32–34 ページと第 6 章の 83–93 ページの一

般的な定理を読み通すこと）．曲線を方程式の形に表現することによって，幾何学的な問題を代数の言葉で解くことができるようになる．このコースには，座標の方法についての演習と，この方法の自然な応用問題がある．ほとんどは2次曲線に関係した問題である．問題によっては，パラメータ方程式から代数方程式に変更することが必要になる（3ページの **0.2** の解答を参照のこと）．

1.16(c), **6.18**, **6.19**(a), (b), (c), **6.20**(a), (b), **7.24**(b) ∥ **6.21**(a), (b), **6.23**, **6.25**(a), **6.26**(a), (b), **6.27**.

説明.

点や直線までの距離に関する問題では，答がパラメータにどのように依存しているか，注意して調べなければならない．こうした問題では，対応する図（曲線族）を描く必要がある．楕円は，圧縮した円として表す方程式（84ページ）に従って描くのが便利だし，双曲線は，漸近線を描いて，頂点（中心にもっとも近い双曲線上の点）に印をつけるのが便利である．

問題 **6.26** では，点 M を三角形の内部の点に限定すれば，円周角の定理や接弦定理と同様，相似三角形を用いる美しい幾何学的解答を与えることができる．

C.11 幾何学実習

このコースでは，曲線のもっとも興味深い定義と性質の説明を与えるような図を描くことになる．これによって，本書の新しい見方をすることができるようになるだろう．

「幾何学とは，正しくない図に基づいて正しい推論をする芸術である」というよく知られた言葉の精神でここの問題を見ることもできるだろう．しかしながら，幾何学にも物理学と同じように，正確な図は幾何学的な実験であるというアプローチに意味のあることが多い．そうすることによって，（曲）線族の全体や複雑な配置に関係した難解な主張を解析したり，新しい規則性を発見したりできるようになる．

直線や円が作る興味深い族を描いた図を（ときには精密に）描き直してみることをお勧めする．技術的にはそうした図を描くのは比較的簡単なことだが，それでも，図を美しく仕上げるには几帳面さとある種の才能が必要である．余白に小さな図を描いたりするのでなく，大きな紙に図を描いた方がずっとわかりやすいものである．

1. **アステロイド**（5ページ）．線分の中点の配置を，中点がのっている円上一様になるようにすること．描く線分の数が多いほど，その包絡線（アステロイド）がはっきりしていく．

2. 円の直交族（63 ページ）．一方の族は，2 点 A, B を通るあらゆる円が作る族（**2.1** 参照）で，もう一方は，中心が直線 AB 上にある円が作る族である．M を後者の族の円の中心とすれば，その円の半径は点 M から直径を AB とする円に引いた接線分になっている．

3. 楕円，双曲線，放物線（71 ページ）．作図法は問題 **6.5**(a), (b) に述べてある．2 種類の色を使って，チェス盤のように「升目」に交互に色をつけよ（77 ページの節末の文章と問題 **6.8** に関する注意を参照）．問題 **6.5**(a), (b) の図をコピーし，楕円，双曲線，放物線の族に印を書きこむこと．

4. 直線族の包絡線としての 2 次曲線（80–81 ページ，図 4-6）．問題 **6.16** と **6.17** に従って作図せよ．

5. 直線の回転 命題 $\boxed{\text{E}}°$ を表す図（21 ページの図）を自分で描いてみること．円を描いて 12 等分せよ．分点の 1 つ A と他の分点を通る直線群と，点 A における円の接線を引け．（その結果，平面を 24 個の同じ大きさの角領域に分割する 12 本の直線の束が得られる．）鉛筆をこの円に沿って動かせば，分点 M から次の点に移るとき，直線 AM が常に同じ角度だけ回転することがわかる．もう 1 つの分点 B（たとえば，A から 4 番目の点）を選んで，点 A のときと同じように 12 本の直線の束を描く．各分点 M に対し，直線 AM と BM の間の鋭角に印をつける．（この角はすべて等しい！）

定理 $\boxed{\text{E}}°$ から，作図された 23 本の直線をその交点まで延長すれば，その結果得られる交点は（点 A, B を数えないで）110 個になるが，11 個の円それぞれの上に 10 個ずつ載ることになる．❓

2 種類の色（白と黒）を用いて，チェス盤のように，交互に升目を塗りつぶせば，点 A, B を通る円の族と双曲線の族が見てとれる（12 本より，24 本の直線の束をとった方がよい）．実際，点 A, B を通る直線が同じ角速度で互いに反対方向に回転すれば，交点の方は双曲線に沿って動く（**6.23**）．

6. ニコメデスのコンコイドとパスカルのリマソン（93 ページ，100 ページ）．ニコメデスのコンコイドは次のようにして得られる．直線 L と点 A を与える．点 A を通るあらゆる直線 ℓ 上で，長さ d の 2 線分（ℓ と L の交点から両方向に長さが d の線分を 1 つずつ）に印をつける．d の値をいろいろ変えて得られるコンコイドの族を描け．

パスカルのリマソンも，同様にして得られる．円 γ とその上の点 A が与えられているとせよ．点 A を通るあらゆる直線 ℓ 上で，長さ d の 2 線分（ℓ と L の交点から両方向に長さが d の線分を 1 つずつ）に印をつけること．

7. 円の族の包絡線としてのカージオイドとネフロイド（97 ページの **7.2** と 111 ページの **7.20**）．

8. 反射光線の族の包絡線としてのカージオイドとネフロイド（106 ページの描画）．こうした作図では，入射光線と反射光線の弦は長さが等しいという事実を用いると便利である．

9. **直線と円の上の歩行者**．81ページの図3の復習をせよ．問題 **7.19** を $k = -3, -2, 2, 3$ の場合に用いて，サイクロイド曲線（102–103ページの図3–6）を作れ．

$k = -2$ の場合に説明しよう．円周を，たとえば24の弧に等分しよう．分割の点 A を歩行者 P, Q の初期位置とし，2人はそれぞれ円周上を等速で動く．$k = -2$ であるので，2人は反対方向に，Q は P の2倍の速さで進んでいる．（P が分点を通過するという）等しい時間間隔で2人の位置に印をつけて，直線 PQ を結ぶ（2人が同じ分点にいるときには円周の接線を引く）．この直線群の包絡線がシュタイナーのデルトイドである．

C.12　ちょっとした研究

幾何学のほとんどの問題には，発明の才と思考の独創性が要求されるちょっとした独自の研究テーマがあるものである．この最後のコースでは，解答に広汎な議論を組み合わせる必要がある4つの難問をとりあげよう．

4.12(a), (b), **4.14**(a), (b), **6.15**(a), (b), **7.23**(a), (b), (c).

問題 **4.14**(b) の解答は，モーターボートの問題の解答に非常に似ている．最後の2問，**6.15** と **7.23** には巻末にヒントがある．最後の問題では，ある三角形のシムソン線の族（包絡線はシュタイナーのデルトイド）を示す美しい図を描くことができる．

グーテンマッヘルについて

　ヴィクトール・グーテンマッヘル (Victor Gutenmacher) は，代数トポロジー，幾何学，数値計算法において多くの研究および教育経験をもつ，著名な数学者であり教育者でもある．彼は，1974 年にロストフ大学とモスクワ大学から数学の博士号を授与され，1969 年から 1988 年まで，モスクワ大学において数学の上級研究員および教授であった．

　グーテンマッヘル博士は，応用数学，ソフトウェア工学，CAD（コンピュータ支援設計）の専門知識を有し，トポロジー，幾何的モデリング，数理経済学の研究において指導的役割を果たしている．彼は，中等学校から大学院までのあらゆるレベルで，20 年を超える教育経験をもっている．彼は，モスクワ大学の学部および大学院課程で，抽象代数学，解析学，離散数学，1 変数および多変数複素解析，数学的プログラミング，経済学における数学的方法といった幅広い科目を教授した．『直線と曲線 ハンディブック』以外にも，グーテンマッヘル博士と N.B. ヴァシーリエフは，同僚の J.M. ラボット，A.L. トゥームと共に，ロシア語の本『通信教育による数学オリンピック』を著している．（実際，グーテンマッヘル博士と N.B. ヴァシーリエフの共著論文の多くは，二人の名前を混合した筆名「ヴァグーテン」を使って書かれている．）グーテンマッヘル博士はまた，A.T. フォメンコ，D.B. フックスとの共著『ホモトピック・トポロジー』も著わしている．

　ここ 15 年は，グーテンマッヘル博士は，アメリカ合衆国で，数学者および上級ソフトウェア技術者として働いている．彼の勤務先は，コンピュータヴィジョン社，オート・トロル・コーポレーション社，ストラクチュラル・ダイナミクス・リサーチ・コーポレーション社，そして現在はヴィスタジー社である．彼は現在，CAD システムに依存しない幾何的エンジンの開発に関与している．この幾何的エンジンは，ヴィスタジー社の国際的な製品を，主要な高級 CAD システムのすべてと緊密に統合できるようにするものである．さらにここ数年間，彼はマサチューセッツ州ケンブリッジにある BBN テクノロジーズ社の上級数学コンサルタントも勤めている．

　グーテンマッヘル博士には，80 冊を超える数学および数学教育に関する著作があ

る．彼は，アメリカ数学競技委員会の顧問団の一人である．ロシアでは，1981年から1988年まで『クヴァント』誌の編集委員，1969年から1988年までゲリファント通信学校の教育法委員会の委員長，1966年から1979年までソ連数学オリンピックの教育法委員，そして，1973年から1979年まで国際数学オリンピックのソヴィエト・チームのコーチを勤めた．彼はアメリカ数学会の会員である．

ヴァシーリエフについて

　1998 年 5 月 28 日，『直線と曲線　ハンディブック』の共著者の一人である N.B. ヴァシーリエフ (Vasilyev) は，重い病の末，57 歳で亡くなった．彼は非凡な知識人であり，才能ある数学者であり，百科全書的教養をもつ科学者であり，著名な教育者であった．

　氏は，モスクワ音楽院（コンセルヴァトアール）を優等で卒業したが，音楽家ではなく数学者となることを選んだ．1957 年にモスクワ大学力学数学部に 1 年生として入学し，1962 年に卒業した．亡くなるときまでほぼ 40 年にわたり，彼の生活は大学と結びついたものだった．

　大学院での研究を終えた後，彼はモスクワ大学の A.N. ベロゼルスキー物理化学的生物学研究所において，生物学における数学的方法の分野での輝かしい経歴の一歩を踏み出した．その研究所で彼は，I.M. ゲリファントに率いられた若い科学者たちの有望なグループに参加することになった．ヴァシーリエフの数学関係の出版物の記録は，モスクワ大学に始まり，生涯を通して多産であった．

　児童・生徒の数学教育への彼の生涯にわたる献身は，モスクワ大学の新入生のときに，モスクワ数学オリンピックの組織委員会の委員になったことに始まる．彼は委員として，昇級試験問題の作成や答案の採点に協力して働いた．

　その当時，ソヴィエト連邦の，とくに子供たちの間には，数学と物理への大きな関心があった．モスクワ大学の教員は，とくに児童・生徒対象の国内数学オリンピックと数学クラブを通じて，未来の科学者である新しい世代の指導に積極的な役割を果たしていた．ヴァシーリエフは両組織の指導者であり，主な貢献者の一人ともなった．10 年以上にわたり，氏は，A.N. コルモゴロフが委員長を務める国立数学オリンピック委員会の副委員長であった．

　ヴァシーリエフはまた，長年にわたり，モスクワ大学数学物理学準備学校の試験委員を務めている．彼は，I.M. ゲリファントと I.G. ペトロフスキーと共に，国立数学通信学校の創立に貢献した．彼は青少年向けの国内数学雑誌『クヴァント』の創設者の一人であり，一番労力の必要な部門である『クヴァント・テスト』の出版ディレ

クターを務めた．N.B. ヴァシーリエフの専門家としての熱意と不断の関与は，1960年代から1990年代のロシア数学教育界のあらゆる主要分野に及んでいると言っても過言ではないだろう．

数学の啓蒙への献身と長期におよぶ実績に対するヴァシーリエフの能力には，特別に注目すべきものがある．彼には，概念と数学的な問題を簡潔かつ美的に定義する卓越した能力があった．彼の著作や講義には，単純化しすぎることのない簡明さと，過度に陥ることのない深さがある．彼の論文や講演は，明晰さと芸術性の典型であった．

本書『直線と曲線 ハンディブック』は，ニコライ・ヴァシーリエフとヴィクトール・グーテンマッヘルによって書かれた，国立数学通信学校のための問題集が発展したものである．事実上両著者が通信学校の数学部門を創設し，1964年の発足以来この部門を指導してきた．『直線と曲線 ハンディブック』はI.M. ゲリファント監修の『数物学校叢書』のために出版され，その後も第2シリーズ用に編集された．

本書は，この二人の友人と同僚たちの丹精と閃きから生まれたものである．また，元来の分類では幾何の問題集であるものを，幾世代もの人々が賞賛するにふさわしい魅惑的な文章へと転換した名人芸と言うべきものである．私は，『直線と曲線 ハンディブック』をもたらした創造的な協同作業の目撃者であった．この本は，私をおおいに楽しませてくれたし，願わくば，将来の読者もまたそうであって欲しいものである．

J.M. ラボット (J. M. Rabbot)
モスクワ，2000年

索 引

【ア行】

アステロイド (astroid)　　5, 95, 103–105, 111, 113, 159
アポロニウス（ペルガの）(Apollonius of Perga)　115
アポロニウスの円 (circle of Apollonius)　29
アルファベット (Alphabet)　19, 20, 34, 62, 72, 73, 88, 138, 149, 156
安全円 (safe circle)　56
いたるところ稠密 (everywhere dense)　114
一葉回転双曲面 (one-sheet hyperboloid of rotation)　80
ウォレス–シムソン線 (Wallace-Simson line)　95, 112, 121, 125, 161
運動 (motion)　11
鋭角三角形 (acute triangle)　43
円 (circle)　20, 29, 82, 141
円弧 (arc)　2, 22, 60, 67
円周角の定理 (theorem on the inscribed angle)　4, 11, 21, 122, 148, 154
円周上の指輪の定理 (theorem about a tiny ring on a circle)　12, 21, 32, 122, 154
円錐 (circular cone)　64, 80, 118
円錐曲線 (conic sections)　71, 89, 118
円柱 (cylinder)　118
円のコンコイド (conchoid of a circle)　100
円の焦線 (focal line of a circle)　107
円の比例線分の定理 (theorem on proportional segments in a circle)　144
オイラー円 (Euler circle)　126

【カ行】

カージオイド (cardioid)　96, 98, 101, 103–105, 111, 114, 158, 160
外サイクロイド (epicycloid)　103
外心 (circumcenter)　37, 121
解析幾何 (analytic geometry)　3, 71, 141, 158
外接円 (circumscribed circle)　37, 112, 121, 126, 146
外接四辺形の定理 (theorem on the circumscribed quadrilateral)　148
回転 (rotation)　14, 110
回転双曲面 (hyperboloid of rotation)　75
回転楕円面 (ellipsoid of rotation)　75
回転放物面 (paraboloid of fotation)　63, 65, 75
角速度 (angular velocity)　11, 21, 102, 108, 122
角の二等分線 (angle bisector)　39
カスプ（尖点）(cusp)　93, 95, 101, 106
カッシーニの卵形線 (oval of Cassini)　93
関数の極値 (extrema of a function)　68
関数のグラフ (graph of a function)　60, 62
幾何平均 (geometric mean)　92
軌跡 (locus)　117, 120

脚（直角三角形の）(leg of a right triangle) 69
球面 (sphere) 118
境界線 (boundary lines) 66
共通部分 (intersection) 42, 156
共役 (conjugate) 87
距離の2乗の定理 (theorem on the squares of the distances) 26
空集合 (empty set) 24, 33
グスマン（ミゲール）(Miguel De Guzman) 129
9点円 (nine-point circle) 95, 121, 126
鞍型曲面 (saddle-shaped surface) 65, 81
グロタンディエク (Grothendieck) iii
結節点 (node) 48, 74
ケプラー（ヨハネス）(Johannes Kepler) 115, 117
弦 (chord) 22
固定セントロード (fixed centrode) 110
コペルニクスの定理 (Copernicus' theorem) 4, 99, 109, 122, 137
固有等長変換 (direct isometry) 110
根軸 (radical axis) 25, 40, 65, 144
コンパス (compass) 13, 115, 118

【サ行】

サイクロイド (cycloid) 95, 103, 104, 111, 115, 158, 161
k-サイクロイド (k-cycloid) 102, 113
最小値 (minimum value) 51, 57, 68, 146
最大最小問題 (maximum and minimum problem) 59, 69, 156
最大値 (maximum value) 51, 68, 70
錯視 (illusion) 81
作図 (construction) 12, 75, 98, 115, 120, 154
座標の方法 (method of coordinates) 3, 19, 26, 158, 159

三角形の外角の定理 (theorem on the exterior angle of a triangle) 8, 150
三角形の角の二等分線の定理 (theorem on the angle bisector in a triangle) 143
三角形の高さの定理 (theorem on the altitude of a triangle) 150
三角形の中線の定理 (theorem on the medians of a triangle) 150
算術平均 (arithmetic mean) 92
軸（楕円の）(axis of an ellipse) 72
自己交差点 (point of self-intersection) 93
四面角 (four-sided angle) 65
シャールの定理 (Chasles' theorem) 110
十字中線 (cross median) 31, 40
十字二等分線 (corss bisector) 20, 30, 39, 144, 147
重心 (center of gravity) 40, 121, 150
周転円 (epicycle) 115
シュタイナーの三角形 (Steiner's triangle) 121, 128
シュタイナーのデルトイド (Steiner's deltoid) 95, 103, 104, 111, 114, 120, 121, 123, 126, 161
瞬間回転中心 (instaneous center of rotation) 109, 110
準線 (directrix) 80, 88
準線（放物線の）(directrix of a parabola) 73
定規 (measure) 13
定木 (ruler) 13, 115, 118
条件付き極値 (conditional extremum) 156
じょうご (funnel) 68
焦線 (caustic curve) 120
焦点 (focus) 80, 88, 115, 118
焦点（双曲線の）(focus of a hyperbola) 73
焦点（楕円の）(focus of an ellipse) 72

索引 | 169

焦点（放物線の）(focus of a parabola)　73
焦点性（双曲線の）(focal property of a hyperbola)　76
焦点性（楕円の）(focal property of an ellipse)　76
焦点性（放物線の）(focal property of a parabola)　77, 78
垂心 (orthocenter)　38, 121, 124, 150
垂線の足 (foot of the perpendicular)　78, 96, 121, 126
垂直二等分線 (perpendicular bisector)　20, 24, 37, 145
正弦定理 (sine theorem)　151
接弦定理 (tangent chord theorem)　148
接触原理 (tangeney principle)　69, 70, 146, 156
接線 (tangent)　78, 110
接線・割線の定理 (theorem on a tangent and scant)　144
接線の定理 (theorem on tangents)　147
絶対速度 (absolute velocity)　51
切断平面 (secant plane)　80, 118
漸近線 (asymptote)　85, 159
線形速度 (linear velocity)　56, 107, 108
セントロイド (centroid)　150
セントロード (centrode)　111
双曲線 (hyperbola)　35, 72, 80, 82, 88, 157, 159, 160
双曲線の方程式 (equation of a hyperbola)　84
双曲放物面 (hyperbolic paraboloid)　65, 81
相似変換 (similarity transformation)　14, 96

【タ行】

対称移動 (symmetry)　14
対称軸 (axis of symmetry)　11
代数曲線 (algebraic curve)　93, 114
代数曲線の次数 (order of an algebraic curve)　93
代数方程式 (algebraic equation)　71, 159
楕円 (ellipse)　3, 4, 35, 72, 80, 82, 88, 91, 115, 117–120, 157, 159, 160
楕円の方程式 (equation fo an ellipse)　84
高さ (altitude)　38
ダンデリン（ジェルミナル）(Germinal P. Dandelin)　118
ダンデリン球面 (Dandelin sphere)　118
チェバの定理 (Ceva's theorem)　41
中心（双曲線の）(center of a hyperbola)　73
中心（楕円の）(center of an ellipse)　72
中線 (median)　40
蝶番つきの平行四辺形 (hinged parallelogram)　91, 98, 100, 102, 104, 113
直線からの距離の定理 (theorem on the distances from the straight lines)　33
直線上の指輪の定理 (theorem about a tiny ring on a straight line)　12, 144, 155
直線族 (family of lines)　11, 81, 82, 105, 119, 160
直角三角形 (right triangle)　2, 43
直交族 (orthogonal family)　63
デカルト (Descartes)　116
点集合 (set of points)　7, 19, 35, 42, 61
投影図 (projections)　118
同心円 (concentric circle)　146
動セントロード (moving centrode)　110
特異点 (singular point)　93, 95
凸 (convex)　47, 135
トリチェリ点 (Torricelli's point)　41
鈍角三角形 (obtuse triangle)　43

【ナ行】

内共通接線 (interior common tangents) 9
内サイクロイド (hypocycloid) 103
内心 (incenter) 39, 121
内接円 (inscribed circle) 39, 74, 121, 146
内接四辺形の定理 (theorem on the inscribed quadrilateral) 149
ニコメデスのコンコイド (conchoid of Nicomedes) 93, 160
2次曲線 (quadratic curve) 35, 90, 160
二等辺三角形 8
二面角 (two-sided angle) 64
ニュートン (Newton) 116
ネフロイド (nephroid) 103, 104, 107, 111, 114, 158, 160

【ハ行】

パスカルのリマソン（蝸牛線）(limaçon of Pascal) 100, 160
パラメータ方程式 (parametric equation) 92, 112, 159
反射焦線 (caustic by reflection) 120
ピュタゴラスの定理 (Pythagorean theorem) 24, 28, 150
ビリヤード (billiard) 30
比例線分の定理 (theorem on proportional segments) 143
フェルマー (Fermat) 116
フォイエルバッハ円 (Feuerbach circle) 121, 126
2つの円の定理 (theorem on the circles) 103, 105, 110
平行移動 (parallel displacement) 14, 110
並進 (translation) 14
ベクトル (vector) 46, 51, 56, 120, 131
ペダル (pedal) 120
ヘリコイド (helicoid) 66
傍心 (center of the escribed circle) 39
傍接円 (escribed circle) 39
放物線 (parabola) 35, 73, 80, 82, 88, 157, 160
放物線の方程式 (equation of a parabola) 83
方べきの定理 (power theorem) 144
包絡線 (envelope) 71, 81, 82, 95, 97, 103, 105, 119, 123, 157, 160

【マ行】

魔法の三角形 121
モーレーの三角形 (Morley's triangle) 121, 128
モッツィの定理 (theorem of Mozzi) 108

【ヤ行】

ユークリッド (Euclid) 115
指輪の定理 (theorem on a tiny ring) 106
弓形 (bow) 61

【ラ行】

ライプニッツ (Leibniz) 116
螺旋面 (spiral surface) 66
卵形線 (oval) 117
リンク (link) 74
レオナルド・ダ・ヴィンチのエリプソグラフ (Leonardo da Vinci's ellipsograph) 4
レベル曲線 (level curve) 59, 61, 62, 67, 137, 146
レベル曲線の地図 (map of level curves) 63, 64, 66, 68, 87, 156

【ワ行】

惑星軌道 (planetary orbit) 117
和集合 (union) 42, 156

Memorandum

Memorandum

〈訳者紹介〉

蟹江　幸博（かにえ　ゆきひろ）
最終学歴　京都大学大学院理学研究科数学専攻博士課程修了
現　　在　三重大学教育学部教授，理学博士
専門分野　トポロジー，表現論，数学教育など
訳　　書　V. I. アーノルド『古典力学の数学的方法』（共訳，岩波書店），V. I. アーノルド『カタストロフ理論』（現代数学社），E. ハイラー，G. ワナー『解析教程 上下』，J. W. ミルナー『微分トポロジー講義』，V. I. アーノルド『数理解析のパイオニアたち』，G. トス『数学名所案内 代数と幾何のきらめき 上下』，I. R. シャファレヴィッチ『代数学とは何か』，M. アイグナー，G. M. ツィーグラー『天書の証明』，I. ジェイムズ『数学者列伝 オイラーからフォン・ノイマンまで』，H. ワイル『古典群 不変量と表現』（以上，シュプリンガー・フェアラーク東京），A. Y. ヒンテン『数論の3つの真珠』，H. ヴァルサー『黄金分割』，H. ヴァルサー『シンメトリー』（以上，日本評論社）など
編　　集　『プロフェッショナル英和辞典 SPED TERRA（物質・工学編）』小学館）

佐波　学（さなみ　まなぶ）
最終学歴　神戸大学大学院自然科学研究科 システム科学専攻博士課程
　　　　　単位取得満期退学
現　　在　鈴鹿工業高等専門学校助教授
専門分野　代数学

直線と曲線 ハンディブック

（原題：*Lines and Curves*
　　　—*A Practical Geometry Handbook*）

2006 年 7 月 15 日　初版 1 刷発行

訳　者　蟹江幸博　　Ⓒ 2006
　　　　佐波　学

発行者　南條光章

発行所　共立出版株式会社
　　　　郵便番号 112-8700
　　　　東京都文京区小日向 4 丁目 6 番 19 号
　　　　電話 (03) 3947-2511（代表）
　　　　振替口座 00110-2-57035 番
　　　　URL http://www.kyoritsu-pub.co.jp/

印　刷　加藤文明社

製　本　協栄製本

検印廃止
NDC 414.1
ISBN 4-320-01811-7　　Printed in Japan

社団法人
自然科学書協会
会員

〈㈳日本著作出版権管理システム委託出版物〉
本書の無断複写は著作権法上での例外を除き禁じられています．複写される場合は，そのつど事前に㈳日本著作出版権管理システム（電話 03-3817-5670, FAX 03-3815-8199）の許諾を得てください．

考える力を養い，そして大学の数学にも自然に結びつく数学参考書 登場！

高校数学+α

基礎と論理の物語

宮腰　忠 著

　本書は，"高校生の考える力を養い，そして大学の数学にも自然に結びつく数学参考書はないものか"，そんなことを考えて書き始められた。

　その目的のために，中心課題を数学の基礎に関する論理とその構造に置き，論理を大切にして高校数学の全体を統一的に議論し，その全体像がわかるような書き方に努めている。新たな対象や概念を直感的に納得しやすくするためのイメージ作りも念入りに行い，意識を高めるようにしてある。

　さらに，楽しく読み進められるように工夫をした。その一つは，参考書のような書き方ではなく，物語風の書き方にしたことである。読者はこの書と会話をしながら読み進み，その間に練習問題もさせられる。もう一つは数学の歴史の記述に力を入れたことである。例題や応用にとり上げる問題は，できるだけ意味があるもの，それも歴史的意味があるものを採用している。

　本書は，大学的発想で高校数学を見直し，大学1年次の講義に直結するものとなり，計らずも高校数学と大学数学の断絶を埋める役割を果たすものとなった。高校生や受験生だけでなく，大学にめでたく入学したのはよいが，大学の講義を通してカルチャーショックを受けている大学生にも大いに役立つはずである。

　また，この書は自己完結する形で書かれているので，それこそ"通分の知識"があれば他の参考書なしで読み進められる。数学の面白さは，大袈裟にいうと'思考によって宇宙を組み立てるような感覚'に浸れる充実感だろうか。高校時代の数学は受験勉強だけだったけれど本当は数学が好きだった社会人の皆さんも，単に問題を解くだけの数学から解放された今，本当の数学を楽しんでみてほしい。

CONTENTS

第1章　数
数直線／自然数・整数・有理数／数学の論理／基本公式の導出／数学の論理構造／集合／2進法／実数の小数表示／実数の連続性／整数の性質／素数を利用した暗号

第2章　方程式
未知数・変数／2次方程式／虚数／因数定理

第3章　関数とグラフ
関数の定義／実数と点の1対1対応と座標軸／1次関数・2次関数のグラフ／2次関数のグラフの平行移動／方程式・不等式のグラフ解法／図形の変換／関数の概念の発展

第4章　三角関数
三角関数の定義／三角関数の相互関係／三角関数のグラフ／余弦定理・正弦定理／加法定理

第5章　平面図形とその方程式
曲線の方程式／領域／2次曲線

第6章　指数関数・対数関数
指数関数／対数関数

第7章　平面ベクトル
矢線からベクトルへ／ベクトルの演算／位置ベクトルの基本／ベクトルの1次独立と1次結合／ベクトルと図形（Ｉ）／ベクトルの内積／ベクトルと図形（II）

第8章　空間ベクトル
空間ベクトルの基礎／空間図形の方程式／空間ベクトルの技術

第9章　行列と線形変換
線形変換と行列／行列の一般化／2次曲線と行列の対角化

第10章　複素数
複素数／ド・モアブルの定理／方程式／複素平面状の図形と複素変換

第11章　数列
数列／階差と数列の和／漸化式／数学的帰納法／数列・級数の極限／ゼノンのパラドックスと極限／無限級数の積

第12章　微分－基礎編
0に近づける極限操作／関数の極限／導関数／関数のグラフ／種々の微分法と導関数

第13章　微分－発展編
ロピタルの定理／テイラーの定理と関数の近似式／関数の無限級数表示／複素数の極形式と複素指数関数

第14章　積分
区分求積法／定積分／微積分学の基本定理と原始関数・不定積分／定積分と面積／積分の技術／体積と曲線の長さ／定積分の項別微分積分／広義積分／微分方程式

第15章　確率・統計
場合の数と確率／確率／期待値と分散／二項分布／正規分布

A5判・584頁・並製本
定価2,625円（税込）

共立出版　http://www.kyoritsu-pub.co.jp/

ENCYCLOPEDIA OF THE PRIME NUMBERS

素数大百科

Chris K.Caldwell 編著
SOJIN 編訳

A5判・408頁・上製・定価6,090円(税込)
ISBN4-320-01759-5 C3041

好評発売中!! 増刷出来!!

ユークリッドから現代のメルセンヌ素数探索プロジェクトまで

素数については,古代より多くの研究がなされ,いまなお多くの新しい事実が発見され,未解決問題の宝庫である。素数は人々を魅了してやまない。Chris K.Caldwell氏は,1994年に素数に関する膨大な情報を集成したWebページ群"The Prime Pages—prime number research,records,and resources"(http://primes.utm.edu/)の作成を開始した。既知の最大素数の記録を保持するとともに関連する概念や定理の解説を行っている。その後も内容の増補と改訂を続け,常に最新の情報となるように維持している。本書はこのWebページを書物としての利便性を考慮して独自に再構成を行い翻訳している。ユークリッドから現代のメルセンヌ素数探索プロジェクトにいたるまで素数に関する幅広い知識を集成した百科事典である。

全体を4部構成とし,第Ⅰ部「理論編」では,素数の探索,関連する定理,派生した話題を整理してある。各章ごとに通読することも可能である。第Ⅱ部「用語編」では,素数に関連する用語や定理の説明を載せた。素数専用の数学事典としても使える。第Ⅲ部「資料編」では,素数のリスト,各種の最大既知素数のリスト,発見者のリストなどを載せている。第Ⅳ部「参考文献,URL一覧,索引」では,辞典のような使い方を想定し,網羅的であることを心がけた。

素数に関する幅広い知識を集成した百科事典

共立出版

総合的な"世界の数学通史書"といえる名著の翻訳本！

カッツ 数学の歴史

A history of mathematics : an introduction (2nd ed.)

Victor J. Katz 著　　監訳：上野健爾・三浦伸夫

翻訳：中根美知代・髙橋秀裕・林　知宏・大谷卓史・佐藤賢一・東　慎一郎・中澤　聡

　本書は，北米の数学史の標準的な教科書と位置付けられ，ヨーロッパ諸国でも高い評価を受けている名著の翻訳本．古代，中世，ルネサンス期，近代，現代と全時代を通して書かれており，地域も西洋は当然として，古代エジプト，ギリシア，中国，インド，イスラームと幅広く扱われており，現時点での数学通史の決定版といえる．

　日本語版においては，引用文献に対して原語で書かれている文献にまで立ち返るなど，精密な翻訳作業が行われた．また，邦訳文献，邦語文献もなるべく付け加えるようにし，読者が，次のステップに躊躇なく進めるように配慮されている．さらに，索引を事項索引，人名索引，著作索引の3種類を用意し，読者の利便性を向上させた．数学史を学習・教授・研究する全ての人に必携の書となろう．

≪CONTENTS≫

第Ⅰ部　6世紀以前の数学
第1章　古代の数学
第2章　ギリシア文化圏での数学の始まり
第3章　アルキメデスとアポロニオス
第4章　ヘレニズム期の数学的方法
第5章　ギリシア数学の末期

第Ⅱ部　中世の数学：500年—1400年
第6章　中世の中国とインド
第7章　イスラームの数学
第8章　中世ヨーロッパの数学
間　章　世界各地の数学

第Ⅲ部　近代初期の数学：1400年—1700年
第9章　ルネサンスの代数学
第10章　ルネサンスの数学的方法
第11章　17世紀の幾何学，代数学，確率論
第12章　微分積分学の始まり

第Ⅳ部　近代および現代数学：1700年—2000年
第13章　18世紀の解析学
第14章　18世紀の確率論，代数学，幾何学
第15章　19世紀の代数学
第16章　19世紀の解析学
第17章　19世紀の幾何学
第18章　20世紀の諸相

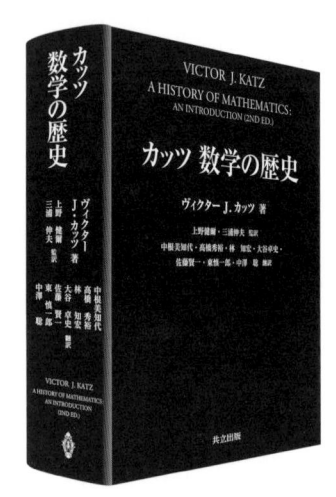

B5判・1,024頁
上製本
定価19,950円(税込)

◆本書の詳細情報はホームページでご覧いただけます．「序文」，「組み見本(内容の一部)」などのPDFファイルを掲載しています．

〒112-8700 東京都文京区小日向4-6-19
TEL：03-3947-2511／FAX：03-3947-2539
共立出版
http://www.kyoritsu-pub.co.jp/
▶共立出版ニュースメール会員募集中◀